工业机器人技术应用专业课程改革成果教材

工业机器人工作站应用实训

Gongye Jiqiren Gongzuozhan Yingyong Shixun

主　编　崔　陵

执行主编　马林刚　郭丽华

主　审　娄海滨

U0335980

高等教育出版社·北京

内容简介

　　本书是浙江省中等职业教育工业机器人技术应用专业课程改革成果教材。本书从企业生产实际出发，以工业机器人PCB异形插件工作站为例，将工业应用中的码垛、涂胶、仓储、分拣等典型工艺应用进行提炼，对码垛、涂胶、仓储、分拣等工艺进行功能模拟，使读者了解工业机器人工作站的相关知识，掌握工作站编程与调试的基本技能，提高对工业机器人在自动化生产制造中的认知度。

　　本书采用项目教学，任务驱动，主要内容包括工业机器人工作站的系统认知、工业机器人码垛工作站的应用实训、工业机器人涂胶工作站的应用实训、工业机器人仓储工作站的应用实训、工业机器人分拣工作站的应用实训。

　　本书配有Abook资源，按照本书最后一页"郑重声明"下方使用说明，登录网站（http://abook.hep.com.cn/sve）可获取相关资源。

　　本书可作为中等职业学校工业机器人技术应用专业的教学用书，也可作为相关行业的岗位培训的教材。

图书在版编目（CIP）数据

工业机器人工作站应用实训／崔陵主编 . -- 北京：高等教育出版社，2021.2

　　ISBN 978-7-04-055486-1

　　Ⅰ.①工… Ⅱ.①崔… Ⅲ.①工业机器人-工作站-中等专业学校-教材 Ⅳ.①TP242.2

　　中国版本图书馆 CIP 数据核字（2021）第 025943 号

| 策划编辑 | 王佳玮 | 责任编辑 | 王佳玮 | 封面设计 | 姜 磊 | 版式设计 | 王艳红 |
| 插图绘制 | 于 博 | 责任校对 | 刘娟娟 | 责任印制 | 刘思涵 | | |

出版发行	高等教育出版社	网　址	http://www.hep.edu.cn
社　址	北京市西城区德外大街4号		http://www.hep.com.cn
邮政编码	100120	网上订购	http://www.hepmall.com.cn
印　刷	唐山市润丰印务有限公司		http://www.hepmall.com
开　本	787 mm×1092 mm　1/16		http://www.hepmall.cn
印　张	17		
字　数	350 千字	版　次	2021 年 2 月第 1 版
购书热线	010-58581118	印　次	2021 年 2 月第 1 次印刷
咨询电话	400-810-0598	定　价	38.00 元

编 写 说 明

2006 年，浙江省政府召开全省职业教育工作会议并下发《省政府关于大力推进职业教育改革与发展的意见》。该意见指出，"为加大对职业教育的扶持力度，重点解决我省职业教育目前存在的突出问题"，决定实施"浙江省职业教育六项行动计划"。2007 年初，作为"浙江省职业教育六项行动计划"项目的浙江省中等职业教育专业课程改革研究正式启动并成立了课题组，课题组用 5 年左右时间，分阶段对约 30 个专业的课程进行改革，初步形成能与现代产业和行业进步相适应的体现浙江特色的课程标准和课程结构，满足社会对中等职业教育的需要。

专业课程改革亟待改变原有以学科为主线的课程模式，尝试构建以岗位能力为本位的专业课程新体系，促进职业教育的内涵发展。基于此，课题组本着积极稳妥、科学谨慎、务实创新的原则，对相关行业企业的人才结构现状、专业发展趋势、人才需求状况、职业岗位群对知识技能要求等方面进行系统的调研，在庞大的数据中梳理出共性问题，在把握行业、企业的人才需求与职业学校的培养现状，掌握国内中等职业学校本专业人才培养动态的基础上，最终确立了"以核心技能培养为专业课程改革主旨、以核心课程开发为专业教材建设主体、以教学项目设计为专业教学改革重点"的浙江省中等职业教育专业课程改革新思路，并着力构建"核心课程+教学项目"的专业课程新模式。这项研究得到由教育部职业技术中心研究所、中央教育科学研究所和华东师范大学职业教育研究所等专家组成的鉴定组的高度肯定，认为课题研究"取得的成果创新性强，操作性强，已达到国内同类研究领先水平"。

依据本课题研究形成的课程理念及其"核心课程+教学项目"的专业课程新模式，课题组邀请了行业专家、高校专家以及一线骨干教师组成教材编写组，根据先期形成的教学指导方案着手编写本套教材，几经论证、修改，现付梓。

由于时间紧、任务重，教材中定有不足之处，敬请提出宝贵的意见和建议，以求不断改进和完善。

浙江省教育厅职成教教研室
2009 年 4 月

前言

本书是浙江省中等职业教育工业机器人技术应用专业课程改革成果教材。

制造业存在专业化分工精细、单一工作重复性高的特征，工业机器人可广泛应用于生产过程中，代替人工完成动作单一、劳动强度大的分拣、安装、检测等工序，提高产品生产效率并保证高良品率。本书以工业机器人 PCB 异形插件工作站为例，对制造业中典型工作任务——码垛、涂胶、仓储、分拣等工艺的应用进行提炼。通过 5 个实训项目，使学生基本掌握工作站编程与调试的基本技能。

本书依据应用型技能人才培养目标的要求，本着知识够用、精讲多练和项目化学习的思路进行编写。在理论与实践上，更侧重于实践；在知识与技能上，更侧重于技能；在讲授与动手上，更侧重于动手。本书在编写中主要体现以下特色：

1. 用"典型项目"实训。本书在取材上，本着"少而精"的原则，以工业机器人的典型工作站应用为例，按任务驱动模式编写，将知识和技能螺旋式地融于各项目中，内容贴近生产实际，深浅适度，符合学生的认知水平。

2. 用"流程图"引领。每个项目开头都有本项目的操作流程图，让学生对整个项目的操作过程有整体了解，做到心中有数。

3. 用"图片"说话。去除过多的理论知识讲解，任务实施的每个步骤都以高质量的图片+文字的形式展示，直观性强，符合学生认知规律。

使用本书授课时，建议不少于 120 个学时，参考学时分配见下表：

序　号	内　容	学　时
1	项目一　工业机器人工作站的系统认知	12
2	项目二　工业机器人码垛工作站的应用实训	24
3	项目三　工业机器人涂胶工作站的应用实训	24
4	项目四　工业机器人仓储工作站的应用实训	30
5	项目五　工业机器人分拣工作站的应用实训	30

　　本书由崔陵担任主编，马林刚、郭丽华担任执行主编并统稿，徐红燕、宋海军、朱秀丽担任执行副主编。参与编写的还有陈宏鹏、胡永璐、苏艳辉。本书由娄海滨担任主审。本书的编写过程中，浙江省教育厅职成教教研室、浙江省胡桂兰名师工作室、浙江省沈柏民名师工作室、浙江省娄海滨名师工作室提供了许多宝贵的建议与意见，北京华航唯实机器人科技股份有限公司提供了大量的技术支持，在此对他们致以由衷的感谢。

　　本书配有 Abook 资源，按照本书最后一页"郑重声明"下方使用说明，登录网站（http://abook.hep.com.cn/sve）可获取相关资源。

　　由于技术的不断更新迭代，加之编者水平有限，书中难免有不妥之处，恳请读者批评指正。读者意见反馈邮箱：zz_dzyj@pub.hep.cn。

编　者

2020 年 10 月

目录

项目一
工业机器人工作站的系统认知

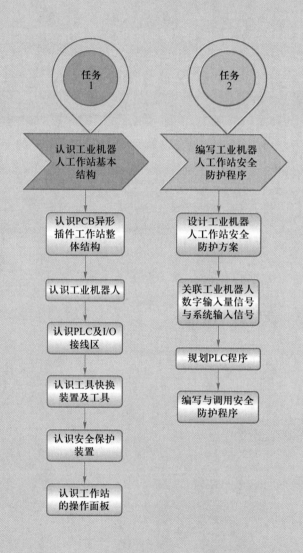

任务 1 — 认识工业机器人工作站基本结构
- 认识PCB异形插件工作站整体结构
- 认识工业机器人
- 认识PLC及I/O接线区
- 认识工具快换装置及工具
- 认识安全保护装置
- 认识工作站的操作面板

任务 2 — 编写工业机器人工作站安全防护程序
- 设计工业机器人工作站安全防护方案
- 关联工业机器人数字输入量信号与系统输入信号
- 规划PLC程序
- 编写与调用安全防护程序

引言

由于电子产品品目繁杂、订单化生产、产品质量要求高，传统生产企业在实际制造过程中需要依赖大量的操作工人在规定的较短时间内完成动作单一的重复性工作，工人劳动强度极大。桌面式低负载工业机器人已广泛应用于电子产品的生产制作过程中，代替工人完成动作单一、劳动强度大的分拣、安装、检测等工序，提高产品生产效率并保证高良品率。

本项目介绍的工业机器人 PCB（印制电路板）异形插件工作站以关节型六轴串联工业机器人为核心，通过对电子产品生产企业中码垛、涂胶、分拣、装配等工艺应用的提炼，对工业机器人进行编程，完成相关工作。

在任务 1 中，我们将认识 PCB 异形插件工作站的基本结构，学习每个组成单元的功能。在任务 2 中，我们将完成工作站安全防护程序的编写及调试，实现外部急停和光栅传感器触发后的报警。

学习目标	1）认识 PCB 异形插件工作站的基本组成单元，明确各组成单元的功能。
	2）能合理规划安全防护程序结构。
	3）会编写安全防护程序并测试。
	4）了解光栅传感器的工作原理。
	5）了解快换装置的工作原理及快换过程。
	6）了解工业机器人系统输入信号的应用场合，会关联系统输入信号。

任务 1　认识工业机器人工作站基本结构

任务目标

1）认识 PCB 异形插件工作站整体结构和功能。

2）认识工作站的执行单元——工业机器人。

3）认识工作站的 PLC 及 I/O 接线区。

4）认识工作站的工具快换装置及工具。

5）认识工作站的安全保护装置。

6）认识工作站的操作面板。

任务内容

在实训车间中指出 PCB 异形插件工作站的结构和各部分的基本功能，查看各组成部分的参数，形成对工业机器人工作站的整体认知。

任务实施

1. 认识 PCB 异形插件工作站整体结构

工业机器人工作站是由一台或几台工业机器人及控制系统、辅助设备等组成，用于完成焊接、码垛等特定任务的设备组合。PCB 异形插件工作站的整体结构如图 1-1 所示，包括工业机器人以及在操作平台四周合理分布的码垛、涂胶、仓储、分拣 4 种不同工艺应用的工具及设备。因此，PCB 异形插件工作站又可分解为码垛工作站、涂胶工作站、仓储工作站和分拣工作站。

项目二中使用的码垛工作站可实现工业机器人装载夹爪工具后，将码垛物料由码垛平台 A 按垛型要求搬运并码放到码垛平台 B。

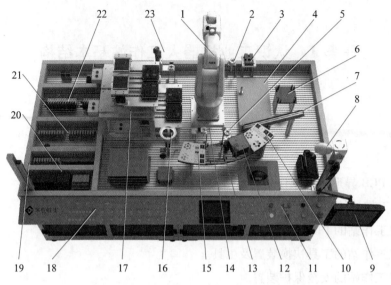

图 1-1　PCB 异形插件工作站整体结构

1—工业机器人；2—涂胶工具；3—码垛平台 B；4—涂胶台；5—夹爪工具；6—回收区；7—码垛平台 A；

8—云监控；9—视觉检测结果显示屏；10—异形芯片回收料盘；11—操作面板；12—成品区；

13—盖板原料料盘；14—吸盘工具；15—异形芯片原料料盘；16—视觉检测单元；

17—安装检测工装单元；18—PLC 控制器 I/O 接线区；19—光栅传感器；

20—PLC 总控单元；21—电路控制接线区；22—气动控制接线区；

23—旋紧螺钉工具

项目三中使用的涂胶工作站可实现工业机器人抓持涂胶工具后，根据涂胶台上合理布置的不同产品外轮廓完成涂胶工作。

项目四中使用的仓储工作站可以实现 PCB 芯片的存储、装配和模拟检测过程。

项目五中使用的分拣工作站可以通过视觉检测单元，对 PCB 芯片的颜色、形状等信息进行检测和提取，并根据检测结果对芯片进行分拣。

2. 认识工业机器人

本工作站执行单元为 ABB 公司生产的 IRB 120 型工业机器人，如图 1-2 所示。工业机器人的工作范围如图 1-3 所示，工作半径达 580 mm，底座下方拾取距离为 112 mm。工业机器人的规格参数见表 1-1。工业机器人控制器支持 DeviceNet 总线通信，搭载标准 I/O 板 DSQC 652，提供 16 个数字量输入信号和 16 个数字量输出信号的处理。如图 1-4 所示，XS12 和 XS13 是数字量输入接口，分别提供 8 个数字量输入，占用输入地址 0~7 和 8~15。XS14 和 XS15 是数字量输出接口，分别提供 8 个数字量输出，占用输出地址 0~7 和 8~15。工作站中，机器人控制器与快换装置、末端工具、PLC、视觉控制器之间的通信均采用并行 I/O 通信方式。

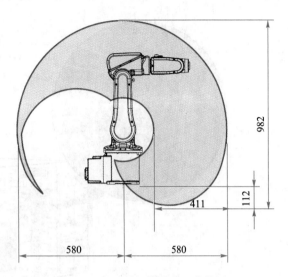

图 1-2　IRB 120 型工业机器人　　　　　　图 1-3　工业机器人的工作范围

表 1-1　工业机器人的规格参数

轴数	6	防护等级	IP30
有效载荷	3 kg	安装方式	地面安装/墙壁安装/悬挂
到达最大距离	580mm	工业机器人底座规格	180 mm×180 mm
工业机器人重量	25 kg	重复定位精度	0.01 mm
运动范围及速度	轴序号	动作范围	最大角速度
	1 轴	+165°~−165°	250°/s
	2 轴	+110°~−110°	250°/s
	3 轴	+70°~−90°	250°/s
	4 轴	+160°~−160°	360°/s
	5 轴	+120°~−120°	360°/s
	6 轴	+400°~−400°	420°/s

　　由工业机器人的工作范围可以知道，在机器人工作过程中，半径为 580 mm 的范围内均为机器人可能达到的范围。因此在机器人工作时，所有人员应在此范围以外，不得进入，以免发生危险。

3. 认识 PLC 及 I/O 接线区

　　PCB 异形插件工作站的总控系统由西门子 SIMATIC S7-200 SMART ST60 CPU 模块携

带数字量输入/输出模块 EM DR16 和数字量输出模块 EM DR08 构成，如图 1-5 所示。

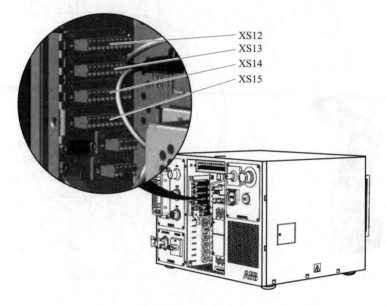

XS12
XS13
XS14
XS15

图 1-4 工业机器人控制器上的 I/O 接口

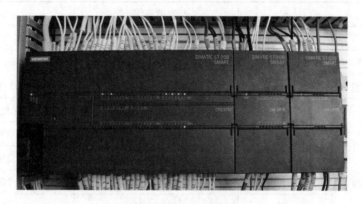

图 1-5 总控系统

CPU 模块具有 30 KB 程序存储器、20 KB 数据存储器、10 KB 保持性存储器，包含一个以太网端口和一个 RS485 端口，板载数字量 I/O 接线区包含 36 点输入和 24 点输出，可实现与机器人控制器、传感器和人机交互设备（HMI）之间的通信。其中，RS485 端口用于和人机交互设备（HMI）进行通信，通信端口为 RS485，PLC 与其他设备之间的通信均采用并行 I/O 通信方式。数字量输入/输出模块 EM DR16 包含 8 点输入和 8 点输出，数字量输出模块 EM DR08 包含 8 点输出。

PLC 控制器 I/O 接线区包含外部设备通信 I/O 端口和 PLC 的 I/O 端口两部分，正确接线后可实现外部设备与 PLC 的通信。

4. 认识工具快换装置及工具

在本工作站中，为实现码垛、涂胶、仓储和分拣四个工艺应用，需要配备四种不同的末端工具（表1-2）。其中夹爪工具动作为张开/闭合，吸盘工具动作为吸取/松开，工具动作通过气动控制。不同工具间的快速更换，采用工具快换装置来实现，参见知识链接。

表1-2 末端工具

序 号	名 称	图 片
1	夹爪工具	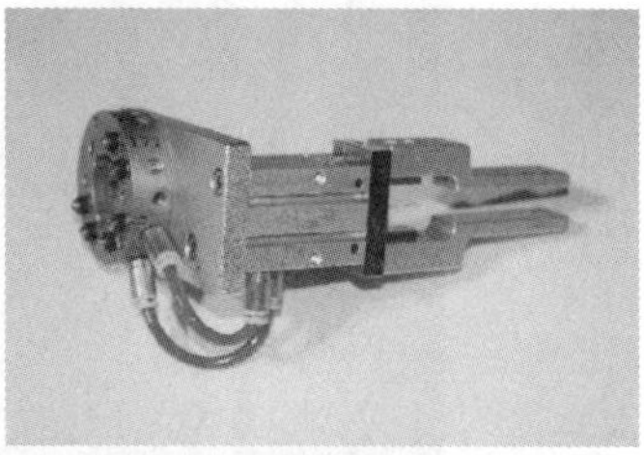
2	涂胶工具	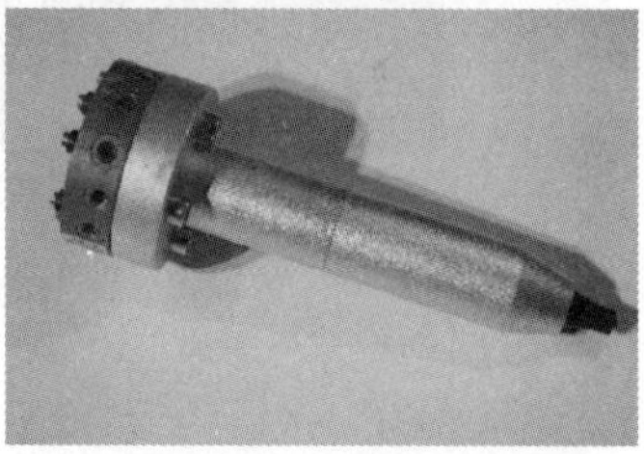
3	吸盘工具	
4	旋紧螺钉工具	

5. 认识安全保护装置

工作站配备了光栅传感器和故障提示处的闪光蜂鸣器作为安全防护装置（图1-6），PLC是它们的控制单元，通过编程可实现发生危险操作时触发安全保护措施。例如，当操作人员进入危险区域时，闪光蜂鸣器将蜂鸣报警，并降低工业机器人运动速度，甚至触发急停，以避免危险发生。光栅传感器的相关知识参见知识链接。

(a) 光栅传感器　　　　　　(b) 故障指示

图1-6　安全防护装置

6. 认识工作站的操作面板

为方便工作站各个工艺应用的编程和调试，在工作站的操作面板（图1-7）处，PLC的一些端口外接了按钮，可根据编程调试需求自行选用。工作站操作面板按钮功能及对应PLC端口见表1-3。

表1-3　工作站操作面板按钮功能及对应PLC端口

按钮名称	功能介绍	PLC端口
故障指示	提示工作站故障报警	Q2.7
启动/停止	控制工作站启动和停止	I0.2/I0.3
手动/自动	工作站手动和自动运行模式切换	I0.1
重新	工作站当前输出状态复位	I0.6
自动启动	当工作站处于自动运行状态时，启动程序运行	I0.4

续表

按 钮 名 称	功 能 介 绍	PLC 端口
暂停	当工作站处于自动运行状态时，使其动作暂时停止	I0.5
紧急停止	在出现危险情况下紧急停止工作站的运行，按下后复位 PLC 所有控制输出状态，工业机器人动作停止	I0.0

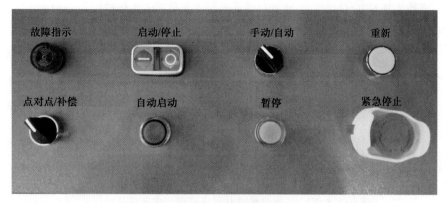

图 1-7　操作面板

任务评价

任务评价见表 1-4。

表 1-4　任 务 评 价

评分类别	评分项目	评分内容		配分	学生自评 ○	小组互评 △	教师评价 □
职业素养（20分）	规范"7S"操作（8分）	○ △ □	整理、整顿	2			
		○ △ □	清理、清洁	2			
		○ △ □	素养、节约	2			
		○ △ □	安全	2			
	进行"三检"工作（6分）	○ △ □	检查作业所需要的工具设备是否完备	2			
		○ △ □	检查设备基本情况是否正常	2			
		○ △ □	检查工作环境是否安全	2			
	做到"三不"操作（6分）	○ △ □	操作过程工具不落地	2			
		○ △ □	操作过程材料不浪费	2			
		○ △ □	操作过程不脱安全帽	2			

续表

评分类别	评分项目	评分内容	配分	学生自评○	小组互评△	教师评价□
职业技能（80分）	认知工业机器人的结构组成（15分）	○ △ □　正确口述或书写工业机器人示教器的型号	5			
		○ △ □　正确口述或书写工业机器人本体的型号	5			
		○ △ □　正确口述或书写工业机器人控制器的型号	5			
	认知工作站的组成单元（30分）	○ △ □　正确口述或书写涂胶单元内各部件的名称及功能	5			
		○ △ □　正确口述或书写码垛单元内各部件的名称及功能	5			
		○ △ □　正确口述或书写仓储单元内各部件的名称及功能	10			
		○ △ □　正确口述或书写视觉单元内各部件的名称及功能	10			
	认知快换工具及其他工具（20分）	○ △ □　正确口述或书写快换工具的功能	4			
		○ △ □　正确口述或书写涂胶工具的功能	4			
		○ △ □　正确口述或书写夹爪工具的功能	4			
		○ △ □　正确口述或书写旋紧螺钉工具的功能	4			
		○ △ □　正确口述或书写吸盘工具的功能	4			
	认知操作面板上按钮的功能（15分）	○ △ □　正确口述或书写故障指示灯的功能及使用方式	2			
		○ △ □　正确口述或书写启动/停止按钮的功能及使用方式	3			
		○ △ □　正确口述或书写手动/自动按钮的功能及使用方式	3			
		○ △ □　正确口述或书写重新按钮的功能及使用方式	2			
		○ △ □　正确口述或书写暂停按钮的功能及使用方式	2			
		○ △ □　正确口述或书写紧急停止按钮的功能及使用方式	3			
合计			100			

注： 依据得分条件进行评分，按要求完成在记录符号上（学生○、小组△、教师□）打√，未按要求完成在记录符号上（学生○、小组△、教师□）打×，并扣除对应分数。

任务 2 编写工业机器人工作站安全防护程序

任务目标

1）会设计工业机器人工作站安全防护方案。
2）能按照安全防护要求合理规划程序结构。
3）会编写工作站安全防护程序。
4）会关联机器人的系统输入信号。

任务内容

本任务要求进行工业机器人工作站安全防护程序的编写，包括设计工业机器人工作站安全防护方案、编写与调用安全防护程序等工作。在 PLC 中编写安全防护程序，实现按下操作面板上的紧急停止按钮触发工业机器人停止运动；光栅传感器检测到有人进入工作站后，故障提示处的闪光蜂鸣器报警。

任务实施

1. 工业机器人工作站安全防护设置

工作站紧急停止按钮和光栅传感器是保证人身及设备安全的重要设备，其初始状态为接通高电平状态，PLC 识别的是设备输出信号的下降沿，即按下紧急停止按钮后，紧急停止按钮处 PLC 的输入值由 1 变为 0 时，会触发机器人的紧急停止；光栅传感器正常通电状态输出值是 1，当检测到有遮挡物时输出信号值由 1 变为 0，会触发故障指示处的报警。

紧急停止按钮按下后将触发机器人运动停止，这种通过外部设备控制机器人运动状态的方法要使用到工业机器人的系统输入信号，参见知识链接。

PLC 与紧急停止按钮、光栅传感器（相关原理参见知识链接）及故障提示处的闪光蜂鸣器对应的信号见表 1-5。

表 1-5   PLC 与紧急停止按钮、光栅传感器及故障提示处的闪光蜂鸣器对应的信号

信号	对应 PLC 信号	功能描述	对应设备	端口号	信号
PLC 输入信号	I0.0	初始状态值为 1，紧急停止按钮按下后，值由 1 变为 0，可触发工业机器人停止运动	紧急停止按钮	–	–
	I4.0	光栅传感器信号值为 1 时，表示工作站处于安全状态；为 0 时，表示检测到遮挡物	光栅传感器	–	–
PLC 输出信号	Q2.7	值为 1 时，故障提示处报警灯闪光同时蜂鸣报警	故障提示处闪光蜂鸣器	–	–
	Q12.5	紧急停止输出信号值为 1 时，工业机器人快速停止运动	机器人 DSQC 652 IO 板（XS12）	5	FrPDigEmergencyStop

2. 关联机器人数字量输入信号与系统输入信号

关联过程如下：首先完成工业机器人数字量输入信号 FrPDigEmergencyStop 的定义，然后使其与机器人系统输入信号 Quick Stop（参见知识链接）关联，即可实现按下外部紧急停止按钮后触发工业机器人快速停止运动。关联步骤见表 1-6。

表 1-6   关 联 步 骤

序号	操 作 步 骤	程序示意图及注释
1	单击示教器触摸屏菜单栏，出现下拉菜单选项。单击"控制面板"，进入控制面板界面	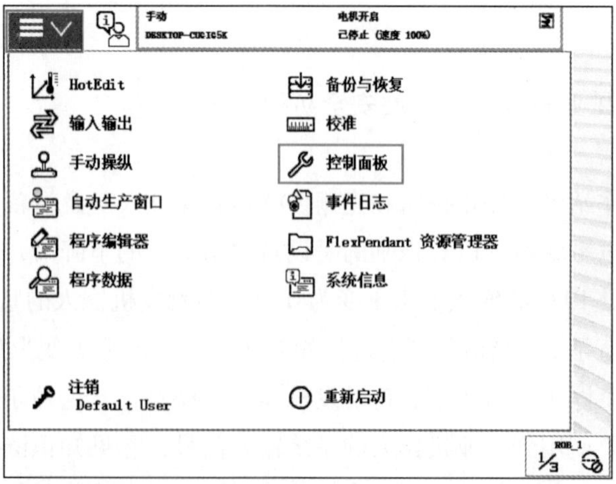

序号	操 作 步 骤	程序示意图及注释
2	在控制面板界面，单击"配置"	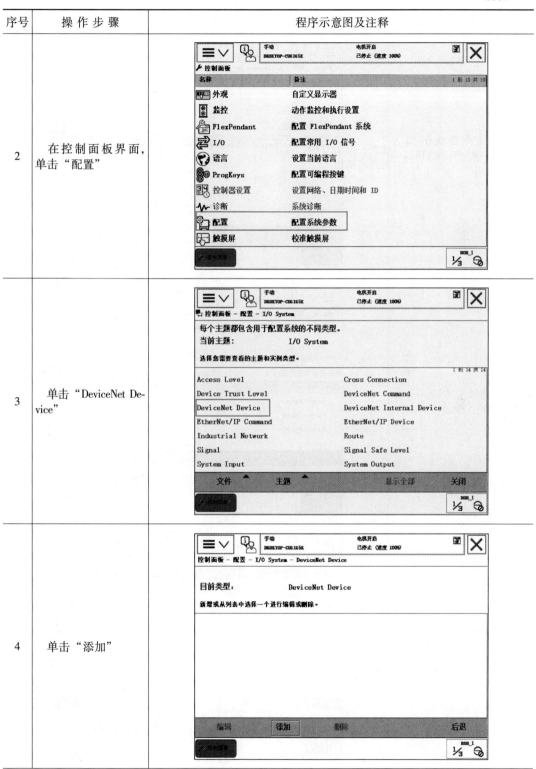
3	单击"DeviceNet Device"	
4	单击"添加"	

续表

序号	操作步骤	程序示意图及注释
5	选择模板的值为"DSQC 652 24 VDC I/O Device"	
6	修改"Address"为"10",单击"确定"	
7	弹出是否重启对话框,选择"是",完成板卡配置	

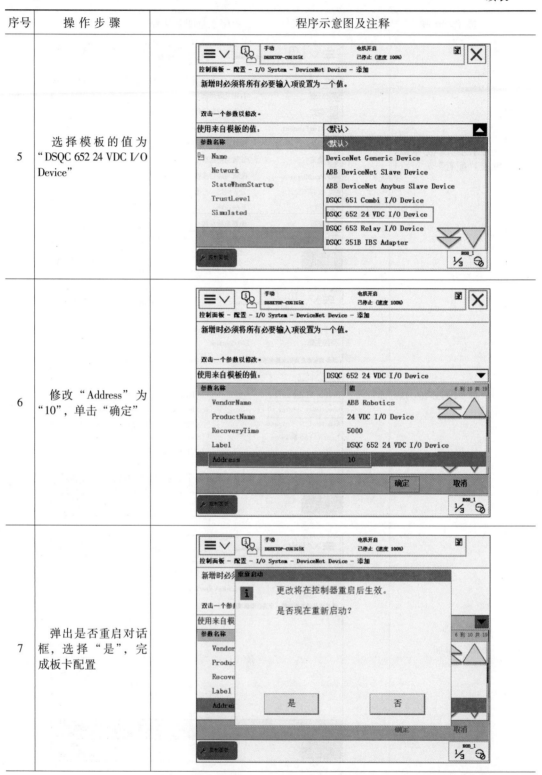

续表

序号	操 作 步 骤	程序示意图及注释
8	在配置界面，双击"Signal"	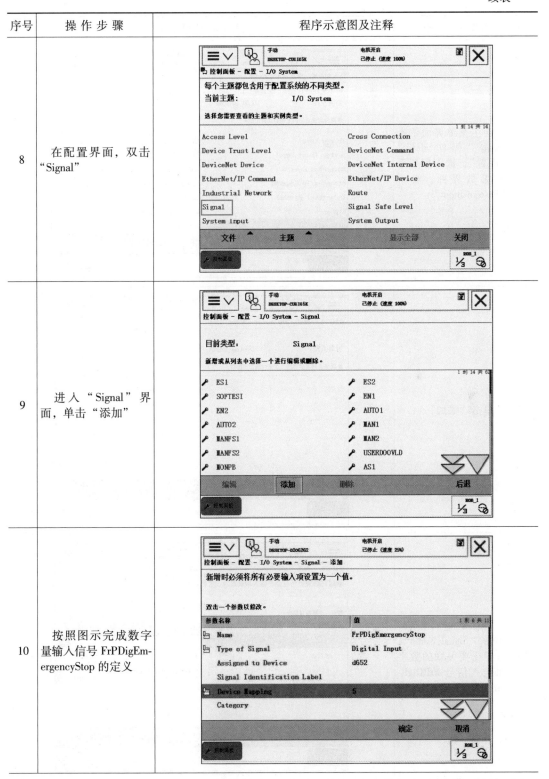
9	进入"Signal"界面，单击"添加"	
10	按照图示完成数字量输入信号 FrPDigEmergencyStop 的定义	

续表

序号	操 作 步 骤	程序示意图及注释
11	在主菜单界面依次单击"操作面板""配置",进入配置系统参数界面。双击"System Input"	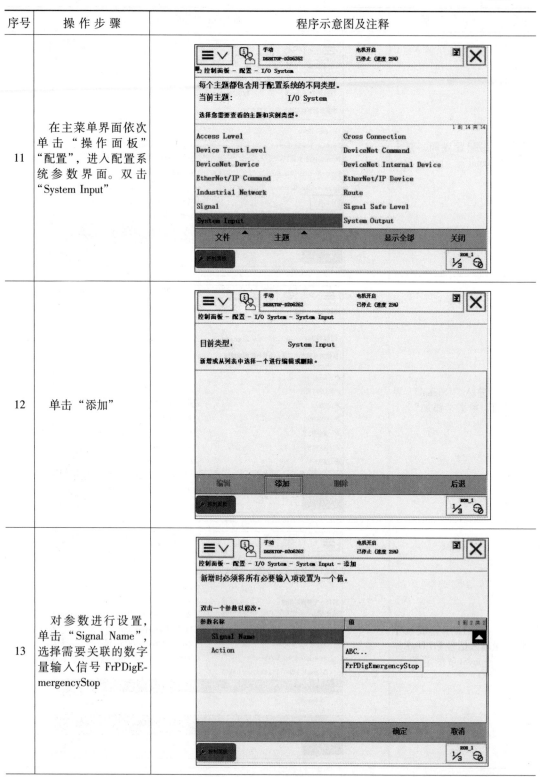
12	单击"添加"	
13	对参数进行设置,单击"Signal Name",选择需要关联的数字量输入信号 FrPDigEmergencyStop	

续表

序号	操作步骤	程序示意图及注释
14	双击"Action"	
15	选择"Quick Stop"，然后单击"确定"	
16	单击"确定"，确认设定	

续表

序号	操作步骤	程序示意图及注释
17	单击弹出的"重新自动"界面的"是",重新热启动控制器,完成系统输入"Quick Stop"与数字输入信号FrPDigEmergencyStop的关联	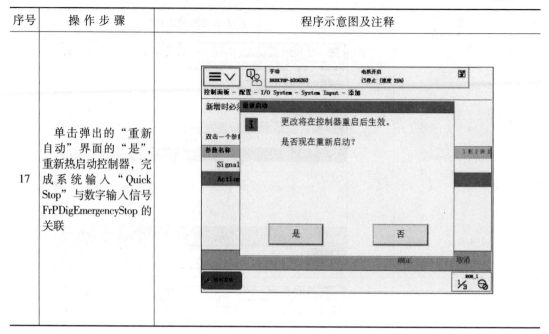

3. 规划 PLC 程序

安全防护 PLC 程序架构如图 1-8 所示,在主程序中依次调用初始化程序和安全防护程序。初始化程序可对紧急停止按钮和光栅传感器进行初始化,使紧急停止按钮与光栅传感器处于输出值为 1 的状态。

图 1-8 安全防护 PLC 程序架构

4. 编写与调用安全防护程序

编写与调用安全防护程序的步骤见表 1-7。

表 1-7　编写与调用安全防护程序的步骤

序号	操 作 步 骤	程序示意图及注释
1	单击计算机上的 PLC 编程软件图标，打开 STEP7-MicroW-INSMART 编程软件	
2	在"程序块"下面建立 PLC 初始化程序 Initialize（SBR0）	
3	添加系统状态位 SM0.1，蜂鸣器 Q2.7 线圈，并联 ROB 急停 Q12.5 线圈，实现初始化后线圈复位接通	

程序注释：按下启动按钮（或在第一个扫描周期时接通）瞬间，Q2.7 线圈和 Q12.5 线圈复位接通，工作站处于无报警状态

续表

序号	操 作 步 骤	程序示意图及注释
4	新建安全防护程序 FtSafety（SBR1）	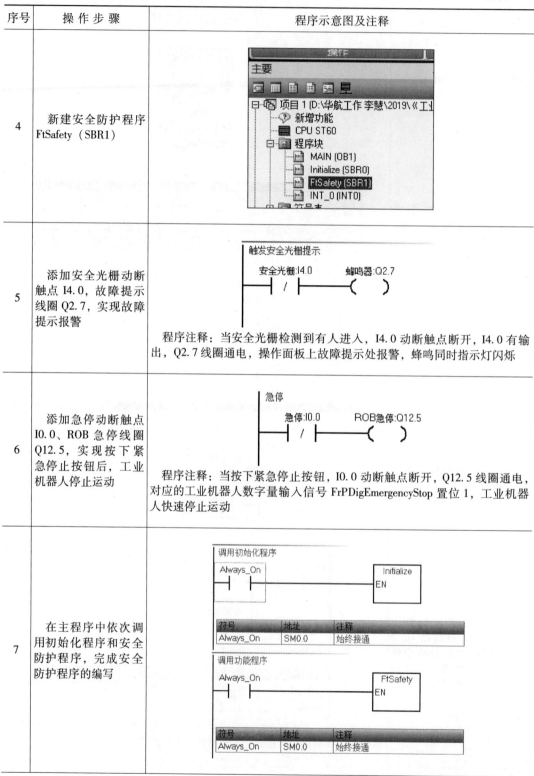
5	添加安全光栅动断触点 I4.0，故障提示线圈 Q2.7，实现故障提示报警	触发安全光栅提示 安全光栅:I4.0　　　蜂鸣器:Q2.7 程序注释：当安全光栅检测到有人进入，I4.0 动断触点断开，I4.0 有输出，Q2.7 线圈通电，操作面板上故障提示处报警，蜂鸣同时指示灯闪烁
6	添加急停动断触点 I0.0、ROB 急停线圈 Q12.5，实现按下紧急停止按钮后，工业机器人停止运动	急停 急停:I0.0　　　ROB急停:Q12.5 程序注释：当按下紧急停止按钮，I0.0 动断触点断开，Q12.5 线圈通电，对应的工业机器人数字量输入信号 FrPDigEmergencyStop 置位 1，工业机器人快速停止运动
7	在主程序中依次调用初始化程序和安全防护程序，完成安全防护程序的编写	调用初始化程序 Always_On　　　　　　　Initialize 　　　　　　　　　　　　EN 符号：Always_On　地址：SM0.0　注释：始终接通 调用功能程序 Always_On　　　　　　　FtSafety 　　　　　　　　　　　　EN 符号：Always_On　地址：SM0.0　注释：始终接通

续表

<table>
<tr><th>序号</th><th>操 作 步 骤</th><th>程序示意图及注释</th></tr>
<tr><td>8</td><td>按照图示编写总启动程序，实现按下启动按钮系统启动，启动按钮处的状态指示灯亮起；按下停止按钮、触发光栅传感器或者按下紧急停止按钮都可以使系统制动</td><td>
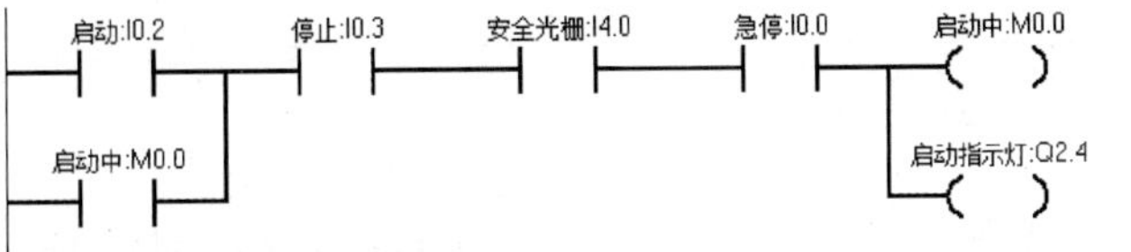

<table>
<tr><th>符号</th><th>地址</th><th>注释</th></tr>
<tr><td>安全光栅</td><td>I4.0</td><td></td></tr>
<tr><td>急停</td><td>I0.0</td><td></td></tr>
<tr><td>启动</td><td>I0.2</td><td></td></tr>
<tr><td>启动指示灯</td><td>Q2.4</td><td>机台上的启动指示灯</td></tr>
<tr><td>启动中</td><td>M0.0</td><td></td></tr>
<tr><td>停止</td><td>I0.3</td><td></td></tr>
</table>
程序注释：动合触点 I0.2 对应启动按钮，未按下按钮时触点是断开的；动合触点 I0.3 对应停止按钮，未按下按钮时触点是接通的；未触发光栅传感器时，对应动合触点 I0.4 是接通的；未按下紧急停止按钮时，对应动合触点 I0.0 是接通的；线圈 M0.0 用于总启动程序的自锁，当线圈得电，对应的动合触点接通，实现启动状态的自锁</td></tr>
</table>

任务评价

任务评价见表 1-8。

表 1-8　任 务 评 价

评分类别	评分项目	评 分 内 容	配分	学生自评○	小组互评△	教师评价□
职业素养（20 分）	规范“7S”操作（8 分）	○ △ □　整理、整顿	2			
		○ △ □　清理、清洁	2			
		○ △ □　素养、节约	2			
		○ △ □　安全	2			
	进行“三检”工作（6 分）	○ △ □　检查作业所需要的工具设备是否完备	2			
		○ △ □　检查设备基本情况是否正常	2			
		○ △ □　检查工作环境是否安全	2			
	做到“三不”操作（6 分）	○ △ □　操作过程工具不落地	2			
		○ △ □　操作过程材料不浪费	2			
		○ △ □　操作过程不脱安全帽	2			

续表

评分类别	评分项目	评分内容	配分	学生自评 ○	小组互评 △	教师评价 □
职业技能（80分）	关联工业机器人的系统输入信号（30分）	○ △ □　关联停止按钮输入信号，按下该按钮工业机器人能立即停止	20			
		○ △ □　关联继续按钮输入信号，按下该按钮工业机器人能继续运行	10			
	编写和调用安全防护程序（50分）	○ △ □　正确设计安全防护方案，规划PLC输入输出信号	10			
		○ △ □　触发光栅传感器，故障灯亮起提示故障报警	10			
		○ △ □　初始化后光栅传感器和紧急停止按钮复位，工作站处于无报警状态	10			
		○ △ □　按下启动按钮，工作站启动	10			
		○ △ □　按下停止按钮、触发光栅传感器或者按下紧急停止按钮，工作站立即制动	10			
合计			100			

注：依据得分条件进行评分，按要求完成在记录符号上（学生○、小组△、教师□）打√，未按要求完成在记录符号上（学生○、小组△、教师□）打×，并扣除对应分数。

知 识 链 接

光栅传感器的工作原理

光栅传感器又名光电保护器、安全光幕、光电保护装置等。在工业机器人系统中安装光栅传感器，可实现当操作者进入光栅内部区域时报警或者与工业机器人的安全保护电路互锁的功能，从而保护人身安全。

光栅传感器由发射器、接收器和控制器组成。发射器端等距离装有多个红外发射管，发射红外线产生防护光幕。另一端的接收器装有同样数量的红外接收管，每个红外发射管都对应一个红外接收管。当对应的红外发射管和红外接收管之间没有障碍物时，红外发射管发出的信号能顺利抵达红外接收管，接收信号后，光栅传感器内部电路会输出某种电平。如图1-9所示，当有障碍物使红外发射管发出的信号不能顺利抵达红外接收管时，光栅传感器内部电路输出电平发生变化。

图 1-9　光栅传感器中有障碍物

光栅传感器有图 1-10 所示的两种输出接线方法，采用 PNP 输出电路时，如果有障碍物，光电传感器输出的是低电平；采用 NPN 输出电路时，如果有障碍物，光栅传感器输出的时高电平。

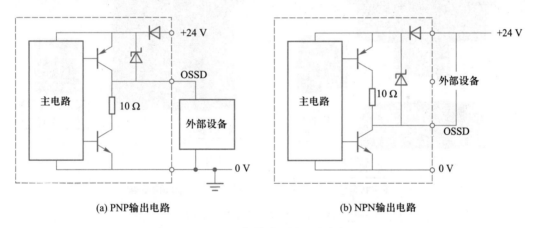

(a) PNP输出电路　　　　　　　　(b) NPN输出电路

图 1-10　光栅传感器输出接线方法

快换装置的工作原理及工具快换过程

1. 工业机器人工具快换装置工作原理

工业机器人工具快换装置主端口壳体内设置有活塞，活塞将主端口腔体分隔为两个控制气路，气路一和气路二。当压缩空气进入气路一时，气体推动活塞上移，钢珠脱离活塞斜面，处于松动的状态，当下拉被接端口时，钢珠会随着被接端口的下移被挤压到活塞斜面上，此时就能实现工具与工业机器人的脱离，过程如图 1-11a 和图 1-11b 所示。

切换压缩空气进入第二驱动气腔的气缸，气体将推动活塞下移，钢珠伴随活塞运动向外顶出，滚入被接端口中对应的锁紧凹槽内，实现被接端口锁紧，如图 1-11c 所示。

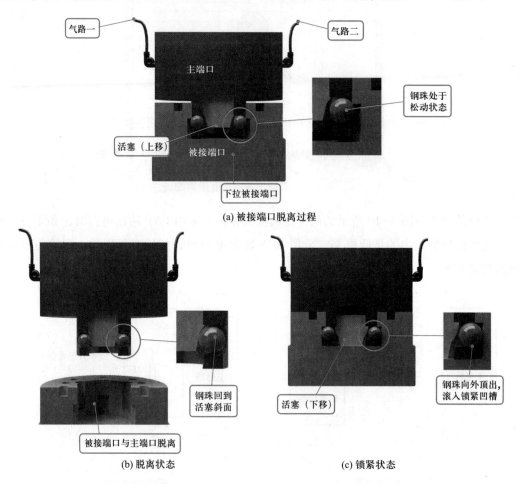

图 1-11　工具快换装置松开锁紧状态

2. 工业机器人末端工具的快换过程

快换装置上，主端口与被接端口对接的定位位置（图 1-12）有两个：被接端口的限位凹槽与主端口限位钢珠之间的定位，以及被接端口的定位销槽与主端口定位销的定位。此不对称结构的设计，可有效防止周向的误配合，从而实现整个工具快换装置的精准定位。在实际对接过程中，可以通过对准被接端口与主端口外边上的 U 形口位置来实现末端工具的快换。

更换末端工具时，首先利用信号驱动气路，使主端口中的活塞上移，钢珠缩回。然后操纵工业机器人运动，使工业机器人末端连接的主端口接近并对准与末端工具连接的被接端口，并使主端口上的限位钢珠进入被接端口上的限位凹槽，定位销进入定位销槽，如

图 1-13a 所示。位置对准后，操纵工业机器人运动至两端口端面贴合。然后，再次利用信号控制气路，使工具快换装置锁紧。主端口与被接端口锁紧，如图 1-13b 所示，使所需工具固定在工业机器人末端。

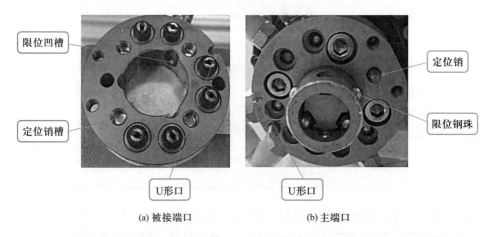

(a) 被接端口   (b) 主端口

图 1-12   定位位置

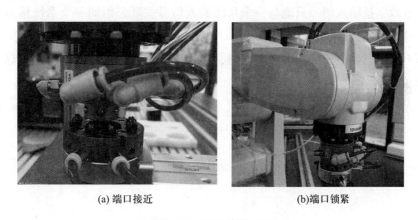

(a) 端口接近   (b)端口锁紧

图 1-13   工具快换过程

工业机器人的系统输入信号

工业机器人的数字量输入信号可以与系统输入信号相关联，从而实现当数字量输入信号有输入时，就会触发对应的系统动作，不需要在示教器上进行任何操作。工业机器人常用的系统输入信号见表 1-9，这些系统输入信号识别的均为数字量输入信号的上升沿。

表 1-9   工业机器人常用的系统输入信号

信 号 名 称	系 统 动 作
Motors On	电动机开启
Motors Off	电动机关闭

信 号 名 称	系 统 动 作
Start	启动 RAPID 程序
Start at Main	从主程序处启动
Stop	停止，移动中的工业机器人将停在当前位置上
Quick Stop	快速停止，工业机器人将迅速停止相关 RAPID 程序
Soft Stop	软停止
PP to Main	程序指针移动至主程序
Stop at End of Instruction	结束当前指令后停止程序
Stop at End of Cycle	在执行完整段 RAPID 程序时（即主例程中的最后一条指令结束之时）停止该程序

数字量输入信号与系统输入信号进行关联时，需注意以下事项：

1）在进行关联前，必须先在系统中完成对应数字量输入信号的定义。

2）每个数字量输入信号只能与一个系统输入信号关联，但同一个系统输入信号可以与多个数字量输入信号相关联。

3）当不需要已经设定好的关联信号时，需要依次删除系统输入信号的关联和对应的数字量输入信号。

项目二
工业机器人码垛工作站的应用实训

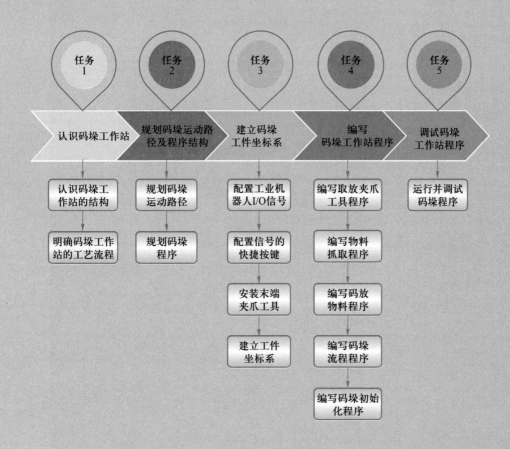

引言

将物品通过一定的模式码成垛，使得物品能够简单、便捷地搬运、卸载以及存储的工序称为码垛。在仓储、运输等领域，码垛是必不可少的工序。采用工业机器人来完成码垛工序可以大幅提高码垛效率、缩短生产周期、降低人工成本。

本项目中，码垛工作站可实现以下功能：利用工业机器人从码垛平台 A 搬运物料，按指定的三花垛码垛模式码放至码垛平台 B，完成物料的码垛工艺流程。

在拓展任务中，设计人机交互（HMI）界面并编写码垛机器人程序，实现在 HMI 界面上选择普通垛或三花垛码垛模式，工业机器人完成指定模式下的码垛工艺流程。

学习目标	1）认识码垛工作站的结构，明确码垛工作站的工艺流程。
	2）能合理规划码垛运动路径和程序结构。
	3）会建立辅助坐标系。
	4）能根据程序规划编写工业机器人码垛程序。
	5）能根据码垛的 HMI 控制要求，设计 HMI 组态，编写 PLC 程序和机器人程序。
	6）会联合调试 HMI、PLC 和工业机器人程序。

任务 1　认识码垛工作站

任务目标

1）认识码垛工作站的组成。

2）明确码垛工作站的工艺流程。

任务内容

码垛工作站利用工业机器人从模拟传送带处抓取物料，将物料按照生产需求码垛至码垛平台 B 上，完成两层的三花垛码垛。

任务实施

1. 认识码垛工作站的结构

码垛工作站的整体结构如图 2-1 所示，由工业机器人、夹爪工具及工具架、码垛平台 A、码垛平台 B 四部分组成。

图 2-1　码垛工作站整体结构

其中，码垛平台 A 模拟传送带，队列式地传送码垛物料，每次可装填 6 块码垛物料，如图 2-2 所示。码垛物料的尺寸如图 2-3 所示。码垛平台 B 每层可容纳 3 块码垛物料，图 2-4 所示为码垛平台 B 及其物料装填示意图。

图 2-2　码垛平台 A 及物料装填

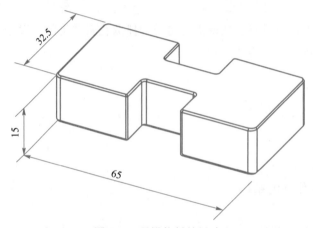

图 2-3　码垛物料的尺寸

图 2-4　码垛平台 B 及其物料装填示意图

2. 明确码垛工作站的工艺流程

（1）装载夹爪工具

本任务中，工业机器人使用夹爪工具抓取物料，需将正确放置在工具架上的夹爪工具装载到工业机器人末端。

（2）抓取码垛物料

装载好夹爪工具后，工业机器人运动至装填满码垛物料的码垛平台 A（图 2-2）进行物料的抓取，抓取平台最末端物料，每抓走一块物料后，下一个物料会滑动填充至平台末端，即物料抓取位置。

（3）码放码垛物料

工业机器人抓取物料运动至码垛平台 B，根据生产需求放置码垛物料。本任务中，工业机器人码放的物料垛型是由 6 块码垛物料，分两层码放而成的三花垛，如图 2-5 所示。

图 2-5 三花垛（码垛物料的垛型）

（4）卸载夹爪工具

完成指定垛型的码放后，工业机器人将夹爪工具放回工具架。

任务评价

任务评价见表 2-1。

表 2-1 任 务 评 价

评分类别	评分项目	评分内容		配分	学生自评 ○	小组互评 △	教师评价 □
职业素养（20分）	规范"7S"操作（8分）	○ △ □	整理、整顿	2			
		○ △ □	清理、清洁	2			
		○ △ □	素养、节约	2			
		○ △ □	安全	2			
	进行"三检"工作（6分）	○ △ □	检查作业所需要的工具设备是否完备	2			
		○ △ □	检查设备基本情况是否正常	2			
		○ △ □	检查工作环境是否安全	2			

续表

评分类别	评分项目	评 分 内 容	配分	学生自评 ○	小组互评 △	教师评价 □
职业素养 （20分）	做到"三不"操作 （6分）	○ △ □　操作过程工具不落地	2			
		○ △ □　操作过程材料不浪费	2			
		○ △ □　操作过程不脱安全帽	2			
职业技能 （80分）	码垛工作站的组成 （30分）	○ △ □　正确描述或书写码垛工作站的主要部件名称：码垛平台、工业机器人、码垛物料、夹爪工具及工具架	20			
		○ △ □　正确描述或书写码垛物料尺寸	5			
		○ △ □　正确区分码垛装填的跺型	5			
	码垛工作站的工艺流程 （50分）	○ △ □　正确描述或书写码垛夹爪工具夹紧和松开的工作原理	20			
		○ △ □　正确描述或书写码垛的工艺流程：工业机器人抓取工具—抓取物料—按照跺型要求放置物料—放回工具	20			
		○ △ □　正确描述或绘制三花垛每层物料的放置位置	10			
合计			100			

注：依据得分条件进行评分，按要求完成在记录符号上（学生○、小组△、教师□）打√，未按要求完成在记录符号上（学生○、小组△、教师□）打×，并扣除对应分数。

任务 2　规划码垛运动路径及程序结构

任务目标

1）能合理规划工业机器人码垛的路径。
2）能合理规划工业机器人码垛的程序结构。

任务内容

完成码垛运动路径及程序结构的规划，包括工业机器人运动路径的规划、程序结构的设计，以及 I/O 信号的规划。工业机器人从工作原点运动到夹爪工具装载位置装载夹爪工具，随后运动到码垛平台 A 抓取物料，根据三花垛垛型的物料码放要求，依次将物料码放至码垛平台 B 上，完成物料的码垛。完成码垛后，工业机器人将夹爪工具放回工具存放位置，并回到工作原点。

任务实施

1. 规划码垛运动路径

经过分析工艺流程可知，夹爪工具的装载、卸载，物料的抓取和码放过程均涉及工业机器人的运动路径，运动路径规划如下。

1）工业机器人从工作原点 Home1 运动到夹爪工具装载位置，完成夹爪工具的装载后回到工作原点。

2）工业机器人运动到码垛平台 A 进行物料的抓取，根据三花垛垛型的物料码放位置要求，到达码垛平台 B 上对应的物料码放位置放置物料，完成物料的码垛。

3）工业机器人将夹爪工具放回工具存放位置，回到工作原点 Home1。

工业机器人码垛路径轨迹点位、坐标系、变量见表 2-2。

表 2-2　工业机器人码垛路径轨迹点位、坐标系、变量

名　　称		数据类型	功 能 描 述
工业机器人空间轨迹点	Home1	jointtarget	工业机器人工作原点
	Area0101R	jointtarget	码垛平台 B 码放临近点
	Area0301W	robtarget	码垛平台 A 取料点
	Area0301R	jointtarget	码垛平台 A 取料临近点
	Tool1G	robtarget	装载夹爪工具的点位
	Tool1P	robtarget	卸载夹爪工具的点位
	AreaMaduoPos{6}	robtarget	一维数组，存放三花垛的 6 块物料在码垛平台 B 上的放置点位
工具坐标系	tool0	tooldata	默认 TCP（法兰盘中心）
工件坐标系	wobj1	wobjdata	码垛平台 A 工件坐标系（辅助坐标系）
变量	NumCount1	num	三花垛的码垛计数器（初始值为 1）

2. 规划码垛程序

（1）规划码垛程序结构

根据工艺流程及工业机器人运动路径的规划，将工业机器人程序划分为 4 个程序模块，包括点位模块、主程序模块、应用程序模块、变量定义模块。

点位模块主要用于声明并保存工业机器人的空间轨迹点位，便于后续程序中的点位直接调用；主程序模块包括初始化程序和主程序，初始化程序用于信号的复位、变量的赋初始值以及工业机器人初始位姿的调整、机器人整体运行速度的把控；主程序模块只有一个，它用于整个流程的组织和串联，并作为自动运行程序的入口；应用程序模块包括工业机器人实现码垛工艺流程的若干个子程序，每个子程序具有自己单独的功能；变量定义模块用于定义程序中使用到的变量。工业机器人码垛程序结构如图 2-6 所示。

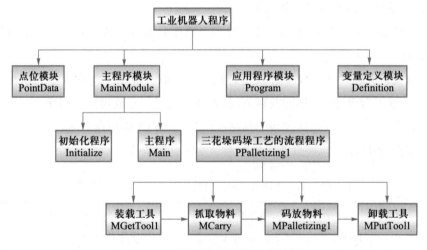

图 2-6　工业机器人码垛程序结构

各个子程序的功能介绍如下。

1）PROC MGetTool1：用于实现工业机器人夹爪工具的装载。

2）PROC MCarry：用于实现码垛物料的抓取。

3）PROC MPalletizing1：用于实现对码垛物料进行三花垛垛型的码放。

4）PROC MPutTool1：用于实现工业机器人夹爪工具的卸载。

5）PROC PPalletizing1：三花垛码垛工艺的流程程序。

（2）规划工业机器人 I/O 信号

工业机器人在码垛工艺流程中，需要与快换装置和夹爪工具进行信号通信，其信号的规划见表 2-3。

表 2-3 信号的规划

硬件设备	端口号	名　称	功 能 描 述	对应设备
机器人 DSQC 652 IO 板（XS14）	4	ToTDigGrip	切换夹爪工具闭合、张开状态的信号（值为 1 时，夹爪工具闭合；值为 0 时，夹爪工具张开）	夹爪工具
	7	ToTDigQuickChange	控制快换装置信号（值为 1 时，快换装置为卸载状态；值为 0 时，快换装置为装载状态）	快换装置

（3）规划码垛主程序

主程序中可调用初始化程序及码垛工艺的流程程序。将程序指针移至主程序后，即可按照工艺流程完成三花垛的码垛工艺。在码垛工艺的流程程序中，又调用了完成三花垛码垛所需的子程序。

工业机器人主程序如下：

```
PROC main（）
    Initialize;              !! 初始化程序
    PPalletizing1;           !! 三花垛码垛的流程程序
ENDPROC
```

任务评价

任务评价见表 2-4。

表 2-4 任务评价

评分类别	评分项目	评分内容	配分	学生自评 ○	小组互评 △	教师评价 □
职业素养（20 分）	规范 "7S" 操作（8 分）	○ △ □　整理、整顿	2			
		○ △ □　清理、清洁	2			
		○ △ □　素养、节约	2			
		○ △ □　安全	2			
	进行 "三检" 工作（6 分）	○ △ □　检查作业所需要的工具设备是否完备	2			
		○ △ □　检查设备基本情况是否正常	2			
		○ △ □　检查工作环境是否安全	2			

续表

评分类别	评分项目	评 分 内 容	配分	学生自评 ○	小组互评 △	教师评价 □
职业素养（20分）	做到"三不"操作（6分）	○ △ □ 操作过程工具不落地	2			
		○ △ □ 操作过程材料不浪费	2			
		○ △ □ 操作过程不脱安全帽	2			
职业技能（80分）	规划码垛运动路径（40分）	○ △ □ 根据工艺要求正确规划运动路径，确保工业机器人不发生碰撞、不出现轴超限	20			
		○ △ □ 根据规划路径，正确命名所有运动路径中的位置名称和数据名称	20			
	规划工业机器人程序（40分）	○ △ □ 能根据工艺流程正确完成程序模块化规划	20			
		○ △ □ 会正确使用码垛程序中所需用到的快换、夹爪夹紧两个控制信号	10			
		○ △ □ 正确口述或书写码垛平台 A 工件坐标系用法	10			
合计			100			

注：依据得分条件进行评分，按要求完成在记录符号上（学生○、小组△、教师□）打√，未按要求完成在记录符号上（学生○、小组△、教师□）打×，并扣除对应分数。

任务3　建立码垛工件坐标系

任务目标

1）了解工业机器人工件坐标系的定义。
2）会配置工业机器人 I/O 信号。
3）会配置工业快捷按键。
4）会建立工业机器人工件坐标系。
5）能验证工业机器人工件坐标系。

任务内容

建立工件坐标系。工业机器人进行物料抓取点位示教时，需要以工件坐标系作为基准进行抓取物料过程中姿态的位置计算。

任务实施

1. 配置工业机器人 I/O 信号

在示教器中将表 2-1 所规划的工业机器人 I/O 信号进行定义和配置，如图 2-7 所示。

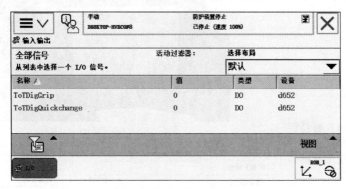

图 2-7　I/O 信号的定义和配置

2. 配置信号的快捷按键

将已定义的快换装置动作信号"ToTDigQuickChange"、控制夹爪工具动作信号"ToT-DigGrip"分别配置给可编程按键 1 和可编程按键 2。如图 2-8 所示，按键 1 可以快速实现信号 ToTDigQuickChange 值的切换，进而实现对快换装置动作的快捷控制；按键 2 可以快速实现信号 ToTDigGrip 值的切换，进而实现对夹爪工具动作的快捷控制。

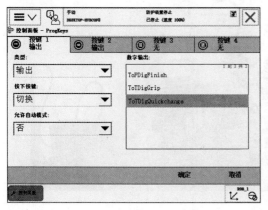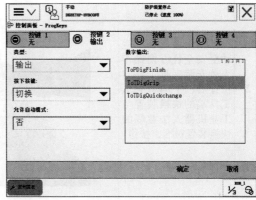

图 2-8　配置 I/O 信号的快捷按键

3. 安装末端夹爪工具

安装末端夹爪工具的步骤见表 2-5。

表 2-5　安装末端夹爪工具的步骤

序号	操 作 步 骤	示　意　图
1	使用按键 1，置位控制快换装置动作信号，确保装载工具前快换钢珠缩回	
2	操纵工业机器人运动至安全且方便操作人员安装夹爪工具的位置后，手动将夹爪工具端的快换装置与工业机器人法兰端的快换装置对准，扶稳	

续表

序号	操作步骤	示　意　图
3	按压按键 1，使 ToTDigQuickChange 信号复位，快换钢珠弹出。确认夹爪工具已安装稳固后，完成夹爪工具的安装	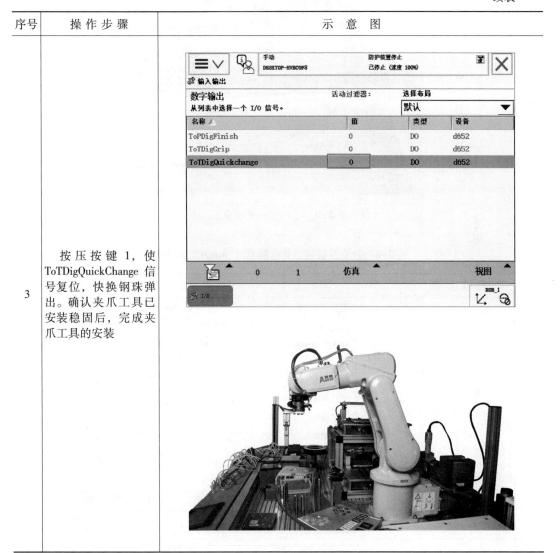

4. 建立工件坐标系

　　工业机器人是从一个倾斜 25°的滑台处抓取物料，由于倾斜角的存在，夹爪工具抓取物料的姿态并非垂直向下，抓取物料点的示教如使用基坐标系作为基准较难实现。另外，为了将物料从滑台中平滑取出，夹爪需垂直滑台向上移动以抽出物料。实现这一运动可通过基于抓取物料点沿垂直滑台向上的方向做偏移过渡来实现。使用工件坐标系可解决以上问题。工件坐标系示意图如图 2-9 所示。建立工件坐标系"wobj1"的步骤见表 2-6。

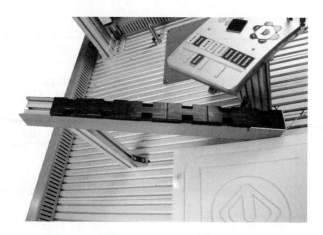

图 2-9 工件坐标系示意图

表 2-6 建立及验证工件坐标系 "wobj1" 的步骤

序号	操作步骤	示意图
1	新建图示工件坐标系	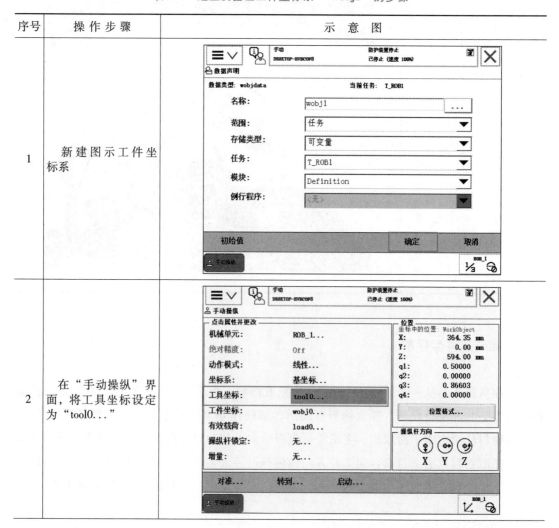
2	在 "手动操纵" 界面，将工具坐标设定为 "tool0..."	

序号	操作步骤	示　意　图
3	选择工件坐标系的定义方法（即用户方法：3 点），选择"用户点 X1"，手动操纵工业机器人，运动到图示位置，单击"修改位置"，记录工业机器人当前点位信息，将其作为工件坐标系"wobj1"的原点	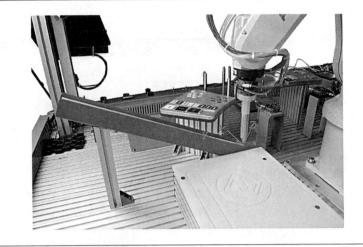
4	手动操纵工业机器人，运动到"wobj1"X 轴正方向的图示位置，将其示教为"用户点 X2"（用户点 X1 至用户点 X2 的位移方向定义为"wobj1"的 X 轴正方向，且 X1 和 X2 距离越远，定义的坐标系轴向越精准）	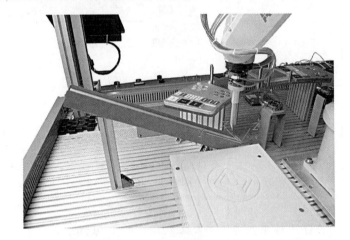
5	手动操纵工业机器人，运动到"wobj1"Y 轴正方向的图示位置，将其示教为"用户点 Y1"（用户点 X1 至用户点 Y1 的位移方向定义为"wobj1"的 Y 轴正方向，注意务必确保 X1X2 连线和 X1Y1 连线垂直，否则坐标系原点不准确）	

续表

序号	操作步骤	示意图
6	完成坐标系 3 个用户点的示教后，点击"确定"，辅助坐标系"wobj1"建立完成	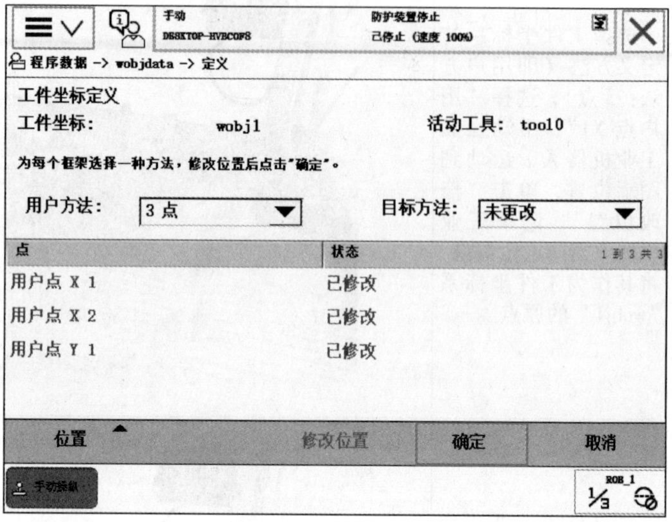
7	验证工件坐标系"wobj1"准确性 进入手动操纵界面，设定图示属性	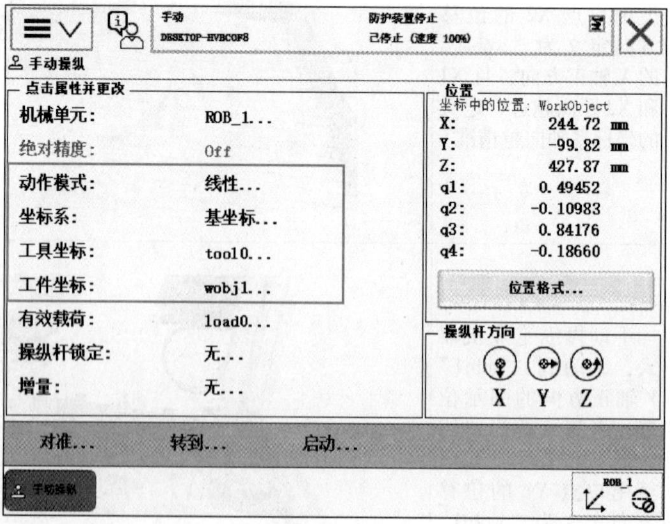
8	手动控制操纵杆，分别向 $X(Y)$ 轴正方向拨，观察工业机器人运动方向。工业机器人运动方向与"wobj1"的 $X(Y)$ 轴正方向一致，则表示建立的"wobj1"正确	

任务评价

任务评价见表 2-7。

表 2-7　任 务 评 价

评分类别	评分项目	评 分 内 容	配分	学生 自评 ○	小组 互评 △	教师 评价 □
职业素养 （20分）	规范"7S" 操作（8分）	○ △ □　整理、整顿	2			
		○ △ □　清理、清洁	2			
		○ △ □　素养、节约	2			
		○ △ □　安全	2			
	进行"三 检" 工 作 （6分）	○ △ □　检查作业所需要的工具设备是否完备	2			
		○ △ □　检查设备基本情况是否正常	2			
		○ △ □　检查工作环境是否安全	2			
	做到"三 不" 操 作 （6分）	○ △ □　操作过程工具不落地	2			
		○ △ □　操作过程材料不浪费	2			
		○ △ □　操作过程不脱安全帽	2			
职业技能 （80分）	IO 信号配 置（20分）	○ △ □　会用示教器对快换信息进行 I/O 配置，配置的信号名称为 ToTDigQuickChange，用于抓取夹爪工具	10			
		○ △ □　会用示教器对快换信息进行 I/O 配置，配置的信号名称为 ToTDigGrip，用于夹爪夹紧物料	5			
		○ △ □　会用示教器进行快捷按键配置，按键 1 配置 ToTDigQuickChange 信号，按键 2 配置 ToTDigGrip 信号	5			
	安装码垛 夹 爪 工 具 （30分）	○ △ □　会手动操纵工业机器人，将其移动到合适位置	10			
		○ △ □　会手动将夹爪工具对准工业机器人末端	10			
		○ △ □　正确用按键 1 进行夹爪工具手动安装，安装后夹爪工具不晃动，不掉落	10			

续表

评分类别	评分项目	评分内容	配分	学生 自评 ○	小组 互评 △	教师 评价 □
职业技能 （80分）	建立码垛 A工件坐标 系（30分）	○　△　□　　会使用示教器新建"wobj1"工件坐标系	10			
		○　△　□　　能手动操纵工业机器人到"wobj1"的 Y 正方向及 X 轴相应点	10			
		○　△　□　能验证工件坐标系"wobj1"的准确性	10			
合计			100			

注： 依据得分条件进行评分，按要求完成在记录符号上（学生○、小组△、教师□）打√，未按要求完成在记录符号上（学生○、小组△、教师□）打×，并扣除对应分数。

任务4　编写码垛工作站程序

任务目标

1）能灵活使用 FOR 循环指令。
2）会编写工业机器人取放工具程序。
3）会编写三花垛码垛程序。

任务内容

完成工业机器人取放工具和三花垛码垛程序的编写。工业机器人从工作原点出发，首先装载夹爪工具；然后循环执行在码垛平台A抓取物料，运动至码垛平台B码放物料的动作，直至完成三花垛的码放；最后将工具放回工具架，回到工作原点。

任务实施

1. 编写取放夹爪工具程序

编写取放夹爪工具程序的步骤见表2-8。

表 2-8　编写取放夹爪工具程序的步骤

序号	操作步骤	示　意　图
1	编写取夹爪工具程序 MGet Tool 1 手动操纵工业机器人，使其移动至工作原点（Home1），添加绝对位置运动指令，并记录该点位置	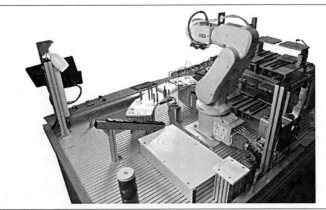
	对应程序： MoveAbsJ Home1\NoEOffs，v1000，Z50，tool0；	
2	添加 Set 指令置位快换装置动作信号，确保装载工具前快换钢珠处于缩回状态，同时使用按键 1，手动置位快换装置信号，使快换钢珠缩回	
	对应程序： Set ToTDigQuickChange；	
3	手动操纵工业机器人移动至抓取夹爪工具的点位，添加线性指令，记录当前点位为 Tool1G 添加复位快换装置信号指令并使用按键 1 复位该信号，完成夹爪工具的装载（在工业机器人移动到位及信号复位后需要预留等待时间，以保证工业机器人成功抓取到夹爪工具）	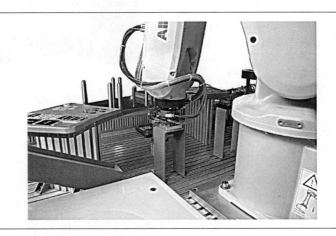
	对应程序： MoveL Tool1G，v20，fine，tool0； WaitTime 1； Reset ToTDigQuickChange； WaitTime 1；	

续表

序号	操作步骤	示意图
4	利用位置偏移指令添加抓取夹爪工具前、后的过渡点（注意：添加的过渡点要保证装载工具的工业机器人抬到足够的高度，防止工业机器人与工具架及其他部件碰撞）	
	装载夹爪工具前过渡点对应程序： MoveJ Offs(Tool1G,0,0,100), v500, z50, tool0; MoveL Offs(Tool1G,0,0,30), v100, fine, tool0; 装载夹爪工具后过渡点对应程序： MoveL Offs(Tool1G,0,0,30), v50, fine, tool0; MoveJ Offs(Tool1G,0,0,150), v500, z50, tool0;	
5	添加工业机器人返回工作原点指令，操纵工业机器人运动至合适位置，一手扶住末端工具后，使用按键1强制置位快换信号，将工具取下，放回工具架	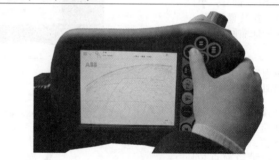 
	对应程序： MoveAbsJ Home1\NoEOffs, v1000, Z50, tool0;	

序号	操作步骤	示　意　图
6	取夹爪工具对应程序： PROC MGetTool1( ) 　　MoveAbsJ Home1\NoEOffs, v1000, Z50, tool0; 　　Set ToTDigQuickChange; 　　MoveJ Offs(Tool1G,0,0,100), v500, z50, tool0; 　　MoveL Offs(Tool1G,0,0,30), v100, fine, tool0; 　　MoveL Tool1G, v20, fine, tool0; 　　WaitTime 1; 　　Reset ToTDigQuickChange; 　　WaitTime 1; 　　MoveL Offs(Tool1G,0,0,30), v50, fine, tool0; 　　MoveJ Offs(Tool1G,0,0,150), v500, z50, tool0; 　　MoveAbsJ Home1\NoEOffs, v1000, z50, tool0; ENDPROC	
7	编写放夹爪工具程序 MPutTool1 　参照表 2-5 所列的操作方法和步骤，完成夹爪工具的装载	
8	手动操纵工业机器人携带夹爪工具运动至工具架处，示教放工具点位为 Tool1P，使用按键 1 手动置位，实现工具卸载	

续表

序号	操 作 步 骤	示 意 图
9	参照取夹爪工具程序（MGetTool1）的编写方法，完成放夹爪工件程序的编写	
	放夹爪工具对应程序： PROC MPutTool1( ) 　　　　MoveAbsJ Home1\NoEOffs,v1000,Z50,tool0; 　　　　MoveJ Offs(Tool1P,0,0,100),v500,Z50,tool0; 　　　　MoveL Offs(Tool1P,0,0,30),v100,fine,tool0; 　　　　MoveL Tool1P,v20,fine,tool0; 　　　　WaitTime 1; 　　　　Set ToTDigQuickChange; 　　　　WaitTime 1; 　　　　MoveL Offs(Tool1P,0,0,50),v50,fine,tool0; 　　　　MoveL Offs(Tool1P,0,0,150),v500,Z50,tool0; 　　　　MoveAbsJ Home1\NoEOffs,v1000,Z50,tool0; ENDPROC	

2. 编写物料抓取程序

编写物料抓取程序的步骤见表 2-9。

表 2-9　编写物料抓取程序的步骤

序号	操 作 步 骤	示 意 图
1	将夹爪工具安装到工业机器人末端后，手动操纵工业机器人运动至码垛平台 A，与取物料位置有一定距离的临近点（Area0301R），添加绝对位置运动指令，并记录该点位置。使用按键 2 使夹爪张开，添加指令使工业机器人夹爪在到达过渡点后张开，添加时间等待指令，以保证夹爪张开状态下执行后续程序	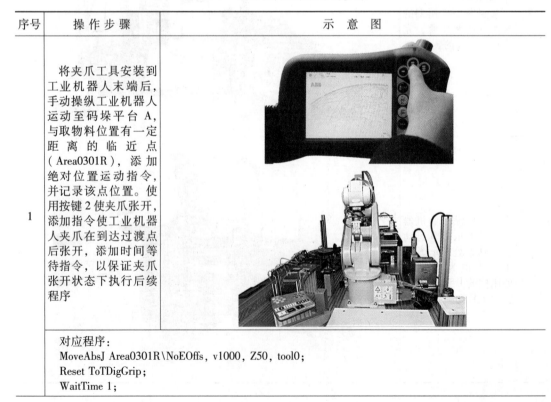
	对应程序： MoveAbsJ Area0301R\NoEOffs, v1000, Z50, tool0; Reset ToTDigGrip; WaitTime 1;	

续表

序号	操作步骤	示　意　图
2	在手动操纵界面，设定工具坐标为 tool0，工件坐标为 wobj1	
3	手动操纵工业机器人从取物料的临近点运动至码垛平台 A 取料点（尽量保证夹爪工具与物料被夹持面垂直），添加线性运动指令，并记录该点位置	

对应程序：
MoveL Area0301W，v20，fine，tool0\WObj：= wobj1；

序号	操作步骤	示　意　图
4	使用按键 2，手动置位信号 ToTDigGrip，闭合夹爪抓取物料，并添加指令置位夹爪工具动作信号。夹爪动作前后添加等待时间，以保证夹爪夹稳物料后，再进行下一步动作	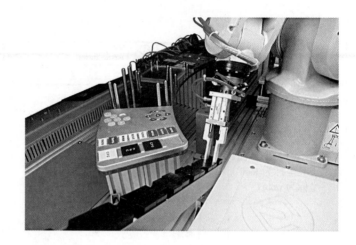

对应程序：
WaitTime 1；
Set ToTDigGrip；
WaitTime 1；

	利用位置偏移指令添加抓取码垛物料前后的过渡点（注意：应保证工业机器人抓取物料抬到足够的高度，防止与码垛平台 A 碰撞）	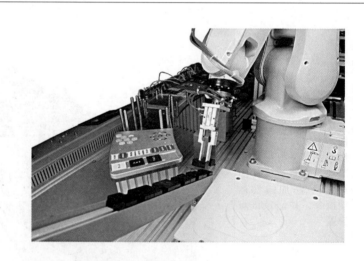

抓取码垛物料前过渡点对应程序：
MoveL Offs(Area0301W,0,0,50)，v300，z50，tool0\WObj：=wobj1；
MoveL Offs(Area0301W,0,0,10)，v100，fine，tool0\WObj：=wobj1；
抓取码垛物料后过渡点对应程序：
MoveL Offs(Area0301W,0,0,30)，v50，fine，tool0\WObj：=wobj1；
MoveJ Offs(Area0301W,0,0,150)，v500，z50，tool0\WObj：=wobj1；

续表

序号	操作步骤	示　意　图
5	添加绝对运动指令，使工业机器人携带物料运动至取物料的临近点（Area0301R），完成物料的抓取	

对应程序：
MoveAbsJ Area0301R\NoEOffs，v1000，z50，tool0；

| 6 | 抓取物料对应程序：
```
PROC MCarry( )
        MoveAbsJ Area0301R\NoEOffs，v1000，Z50，tool0；
        Reset ToTDigGrip；
        WaitTime 1；
        MoveL Offs(Area0301W，0，0，50)，v300，z50，tool0\WObj：=wobj1；
        MoveL Offs(Area0301W，0，0，10)，v100，fine，tool0\WObj：=wobj1；
        MoveL Area0301W，v20，fine，tool0\WObj：=wobj1；
        WaitTime 1；
        Set ToTDigGrip；
        WaitTime 1；
        MoveL Offs(Area0301W，0，0，30)，v50，fine，tool0\WObj：=wobj1；
        MoveJ Offs(Area0301W，0，0，150)，v500，z50，tool0\WObj：=wobj1；
        MoveAbsJ Area0301R\NoEOffs，v1000，z50，tool0；
ENDPROC
``` | | |

3. 编写码放物料程序

在三花垛的码放过程中，码垛物料在码垛平台 B 的码放顺序和位置如图 2-5 所示。

在本任务中，总共要对 6 块物料进行三花垛的码放，引入 robtarget 型数组（数组的定义和使用方法，请参考知识链接）存放每个物料码放的点位，将三花垛的 6 块物料的放置点位数据存放至数组 AreaMaduoPos{6} 中。使用变量 NumCount1 作为计数器，计数码放物料的块数，在码垛平台 B 上每放置一块物料，计数器 NumCount1 自动加 1。编写码放物料（三花垛）程序的步骤见表 2-10。

表 2-10　编写码放物料（三花垛）程序的步骤

序号	操作步骤	示意图
1	手动操纵工业机器人运动至码垛平台 A 取料点 "Area0301W"，完成物料的抓取	
2	手动操纵工业机器人抓取物料，运动至码垛平台 B 的码放临近点，添加绝对位置运动指令，并记录该点位置	
	对应程序： MoveAbsJ Area0101R\NoEOffs, v1000, Z50, tool0;	

续表

序号	操作步骤	示　意　图
3	手动操纵工业机器人携码垛物料运动至码垛平台 B，放置第一块物料，记录该点位姿至数组 AreaMaduoPos{6}的元素{1}。使用按键2，手动复位信号 ToT-DigGrip，张开夹爪放置物料	 维数名称：　　　　AreaMaduoPos{6} 点击需要编辑的组件。 组件　　值　　　　　　　　　　　1 到 6 共 6 {1}　[[244.72, -99.82, 427.87], [0.494524, -0.109834, 0.84.. {2}　[[244.72, -99.82, 427.87], [0.494524, -0.109834, 0.84.. {3}　[[244.72, -99.82, 427.87], [0.494524, -0.109834, 0.84.. {4}　[[244.72, -99.82, 427.87], [0.494524, -0.109834, 0.84.. {5}　[[244.72, -99.82, 427.87], [0.494524, -0.109834, 0.84.. {6}　[[244.72, -99.82, 427.87], [0.494524, -0.109834, 0.84.. 修改位置　　　　　　　　　　　　关闭
4	参照步骤 1~3 的操作方法，完成三花垛其余物料码放点位的示教，并将其存放于数组 AreaMaduoPos{6}中	维数名称：　　　　AreaMaduoPos{6} 点击需要编辑的组件。 组件　　值　　　　　　　　　　　1 到 6 共 6 {1}　[[-442.74, 279.31, 338.23], [0.00544403, 0.920571, 0... {2}　[[-347.57, 310.55, 337.22], [0.00225604, 0.371249, 0... {3}　[[-348.11, 343.82, 336.64], [0.00231396, 0.371255, 0... {4}　[[-380.55, 308.49, 351.99], [0.0023099, 0.383341, 0.9... {5}　[[-381.68, 341.98, 352.16], [0.00229601, 0.379287, 0... {6}　[[-376.55, 280.85, 352.72], [0.00541578, 0.920569, 0... 修改位置　　　　　　　　　　　　关闭

续表

序号	操作步骤	示意图
5	添加线性指令，调用数组 AreaMaduoPos {6} 中的点位数据	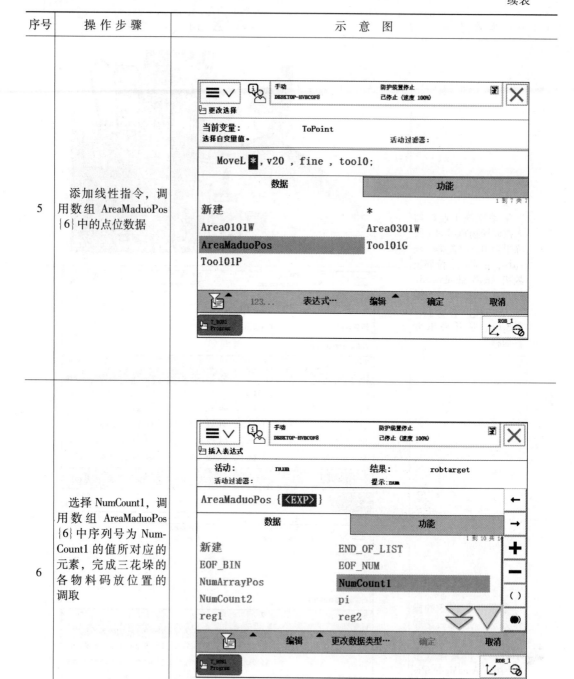
6	选择 NumCount1，调用数组 AreaMaduoPos {6} 中序列号为 Num-Count1 的值所对应的元素，完成三花垛的各物料码放位置的调取	
	对应程序： MoveL AreaMaduoPos{NumCount1}, v20, fine, tool0;（NumCount1 = 1,2,3……）	

续表

序号	操作步骤	示意图
7	利用位置偏移指令添加码放物料前后的过渡点（注意：保证工业机器人抬到足够的高度，防止与码垛平台 B 碰撞）	

码放物料前过渡点对应程序：
MoveL Offs(AreaMaduoPos{NumCount1},0,0,50), v500, fine, tool0;
码放物料后过渡点对应程序：
MoveL Offs(AreaMaduoPos{NumCount1},0,0,50), v500, fine, tool0;

| 8 | 整理程序语句，完成码放物料（三花垛）程序的编写 | |

码放三花垛垛型对应程序：
```
PROC MPalletizing1()
    MoveAbsJ Area0101R\NoEOffs,v1000,Z50,tool0;
    MoveL Offs( AreaMaduoPos{NumCount1},0,0,50),v500,fine,tool0;
    MoveL AreaMaduoPos{NumCount1},v20,fine,tool0;
    WaitTime 0.2;
    Reset ToTDigGrip;
    WaitTime 0.2;
    MoveL Offs( AreaMaduoPos{NumCount1},0,0,50),v50,fine,tool0;
    MoveAbsJ Area0101R\NoEOffs,v1000,Z50,tool0;
ENDPROC
```

4. 编写码垛流程程序

三花垛码垛流程分为装载工具、抓取物料、码放三花垛垛型、卸载工具四部分。三花垛码垛整个流程的程序为"PPalletizing1"，调用四部分子程序加以逻辑循环，完成整个码垛工艺。编写三花垛码垛流程程序的步骤见表 2-11。

表 2-11 编写三花垛码垛流程程序的步骤

序号	操作步骤	示意图
1	调用装载工具的程序 MGetTool1	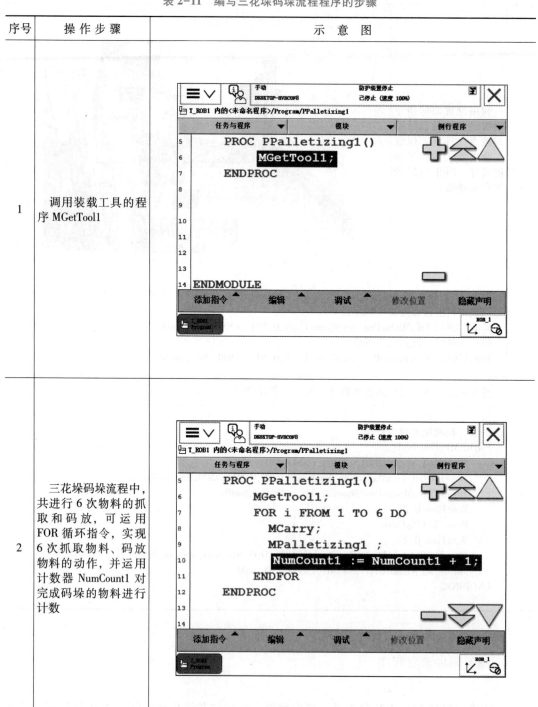
2	三花垛码垛流程中,共进行 6 次物料的抓取和码放,可运用 FOR 循环指令,实现 6 次抓取物料、码放物料的动作,并运用计数器 NumCount1 对完成码垛的物料进行计数	

续表

序号	操作步骤	示意图
3	在完成双层三花垛6块物料的抓取和码放后，还需将夹爪工具放回工具架上，故最后再调用卸载工具的程序	

对应程序：

```
PROC PPalletizing1()!! 三花垛码垛程序
    MGetTool1;
        FOR i FROM 1 TO 6 DO
            MCarry;
            MPalletizing1;
            NumCount1 := NumCount1 + 1;
        ENDFOR
    MPutTool1;
ENDPROC
```

5. 编写码垛初始化程序

工业机器人初始化程序，应保证工业机器人在开始运行程序时，所有状态都能满足工艺程序最初始时的状态要求，故应包含工业机器人位姿、运行速度、变量，以及信号的初始化程序。

在工业机器人码垛工作站中，工业机器人进行码垛工艺流程前的初始状态为：工业机器人处于工作原点，工业机器人最大运行速度为 800 mm/s，加速度限制在正常值的 50% 且工艺程序所用的变量和信号均为起始值。故编写如下三花垛码垛的初始化程序。

```
PROC Initialize()        !! 初始化程序
    MoveAbsJ Home1\NoEOffs, v1000, Z50, tool0; !! 将工业机器人移动到起始安全点位
```

AccSet 50，100；   !! 工业机器人加速度限制在正常值的 50%

VelSet 70，800；!! 工业机器人运行速度控制为原来的 70%，最大运行速度为 800 mm/s

NumCount1 :＝1；   !! 变量 NumCount1 赋初始值

Reset ToTDigGrip；!! 将夹爪工具的控制信号复位(夹爪打开)

Set ToTDigQuickchange；   !! 设置快换装置动作信号的初始状态(钢珠缩回)

ENDPROC

任务评价

任务评价见表 2-12。

表 2-12   任 务 评 价

评分类别	评分项目	评 分 内 容	配分	学生 自评 ○	小组 互评 △	教师 评价 □
职业素养 (20分)	规范 "7S" 操作（8分）	○ △ □ 整理、整顿	2			
		○ △ □ 清理、清洁	2			
		○ △ □ 素养、节约	2			
		○ △ □ 安全	2			
	进行 "三 检" 工 作 (6分)	○ △ □ 检查作业所需要的工具设备是否完备	2			
		○ △ □ 检查设备基本情况是否正常	2			
		○ △ □ 检查工作环境是否安全	2			
	做到 "三 不" 操 作 (6分)	○ △ □ 操作过程工具不落地	2			
		○ △ □ 操作过程材料不浪费	2			
		○ △ □ 操作过程不脱安全帽	2			
职业技能 (80分)	取放工具 的示教编程 (20分)	○ △ □ 操作示教器建立 Home1 点，同时正确示教该位置	5			
		○ △ □ 会操作示教器手动示教工具放置点的位置，不发生碰撞	5			
		○ △ □ 编写取放工具程序的起始点都在 Home1 点	5			
		○ △ □ 取放工具动作指令后面必须添加等待指令	5			

续表

评分类别	评分项目	评 分 内 容	配分	学生自评 ○	小组互评 △	教师评价 □
职业技能（80分）	物料抓取的示教编程（20分）	○ △ □　根据工艺要求将6个物料放在码垛平台A上	5			
		○ △ □　能利用工件坐标系示教抓取物料点的位置	5			
		○ △ □　操作示教过程中不发生碰撞，物料不掉落	10			
	码放物料的示教编程（30分）	○ △ □　码放物料的过程中不碰撞，不掉落	10			
		○ △ □　根据踩型要求能手动示教器踩型位置	10			
		○ △ □　正确使用数组进行位置信息记录	10			
	初始化程序编写（10分）	○ △ □　初始化程序执行后工业机器人回到工作原点	5			
		○ △ □　初始化程序执行对工业机器人限最大速为800 mm/s，工业机器人运行速度为正常值的70%，加速度为正常值的50%	5			
合计			100			

注：依据得分条件进行评分，按要求完成在记录符号上（学生○、小组△、教师□）打√，未按要求完成在记录符号上（学生○、小组△、教师□）打×，并扣除对应分数。

任务 5　调试码垛工作站程序

任务目标

会调试工业机器人程序。

任务内容

完成工业机器人码垛程序的调试。首先在码垛平台 A 上放置 6 块码垛物料，夹爪工具放于对应的工具架上；然后，调试并运行码垛工艺程序，使工业机器人装载夹爪工具，运动到码垛平台 A 抓取物料码放至码垛平台 B，完成码垛；最后，工业机器人将工具放回工具架，回到工作原点。

任务实施

调试三花垛码垛程序的步骤见表 2-13。

表 2-13 调试三花垛码垛程序的步骤

序号	操 作 步 骤	示 意 图
1	将程序指针移至三花垛码垛流程程序，按下示教器上的使能键，低速单步运行程序进行调试。运行过程中，点位不适合的进行重新示教和修改	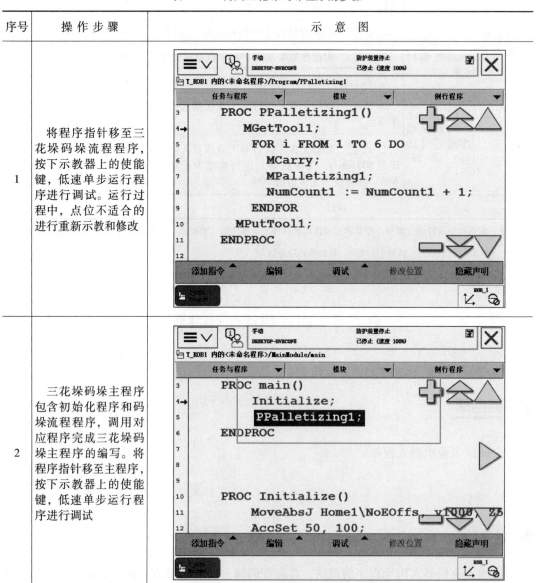
2	三花垛码垛主程序包含初始化程序和码垛流程程序，调用对应程序完成三花垛码垛主程序的编写。将程序指针移至主程序，按下示教器上的使能键，低速单步运行程序进行调试	

任务评价

任务评价见表 2-14。

表 2-14 任 务 评 价

评分类别	评分项目	评 分 内 容	配分	学生自评 ○	小组互评 △	教师评价 □
职业素养（20分）	规范"7S"操作（8分）	○ △ □　整理、整顿	2			
		○ △ □　清理、清洁	2			
		○ △ □　素养、节约	2			
		○ △ □　安全	2			
	进行"三检"工作（6分）	○ △ □　检查作业所需要的工具设备是否完备	2			
		○ △ □　检查设备基本情况是否正常	2			
		○ △ □　检查工作环境是否安全	2			
	做到"三不"操作（6分）	○ △ □　操作过程工具不落地	2			
		○ △ □　操作过程材料不浪费	2			
		○ △ □　操作过程不脱安全帽	2			
职业技能（80分）	码垛程序的调试（80分）	○ △ □　操作示教器将程序指针正确地跳转到三花垛码垛程序	10			
		○ △ □　会操作示教器，将工业机器人运行速度调节到最低速	10			
		○ △ □　按照工艺流程正确安放工具到工具架、物料放置在码垛平台 A	10			
		○ △ □　运行物料码放程序过程中，不发生碰撞、物料码放位置不正确等现象	10			
		○ △ □　运行取放工具程序过程中，不发生碰撞、工具掉落等现象	20			
		○ △ □　运行物料抓取程序过程中，不发生碰撞、物料掉落，以及抓取位置不正确等现象	20			
合计			100			

注：依据得分条件进行评分，按要求完成在记录符号上（学生○、小组△、教师□）打√，未按要求完成在记录符号上（学生○、小组△、教师□）打×，并扣除对应分数。

拓展任务   码垛工作站的人机交互控制

任务目标

1）会设计码垛工作站 HMI 界面。
2）会关联码垛工作站 HMI 与 PLC 的变量。
3）能编写普通垛码垛程序。

任务内容

在原码垛程序基础上加入普通垛的码垛程序，以及码垛模式选择的功能，并设计符合功能要求的 HMI 界面。确保码垛平台 A 已填满码垛物料后，在 HMI 界面上选择码垛模式：普通垛（图 2-10）和三花垛，单击 HMI 界面上的启动按钮，工业机器人根据在 HMI 界面上所选码垛模式，执行对应的码垛工艺流程。

图 2-10   普通垛

任务实施

1. 规划拓展任务程序结构

（1）延用已有程序

HMI 是人机交互的简称。本任务中，工业机器人要实现根据 HMI 界面选择的码垛模式，执行相应的码垛流程。前文已经完成了三花垛码垛流程的程序规划、示教编程和调试。参照三花垛码垛流程的思路，普通垛码垛流程程序规划如图 2-11 所示。

图 2-11　普通垛码垛流程程序规划

对比分析三花垛和普通垛的码垛流程，可知在码垛流程中，工业机器人取放夹爪工具（MGetTool1、MPutTool1）、抓取物料（MCarry）程序是可以沿用的。只需进行普通垛码垛物料程序和普通垛码垛流程程序的编写和调试。

（2）新增变量、信号

普通垛垛型如图 2-10 所示，该垛型由 6 块码垛物料，以一个基准点，偏移码放而成。编程时，选用第一块物料的码放位置作为基准点。

在普通垛码垛程序（MPalletizing2）中，引入偏移基准点 Area0101W 和 num 型二维数组 NumArrayPos{6,3}（表 2-15）。数组 NumArrayPos{6,3} 中存放 6 个放置点位相对 Area0101W 点的偏移值，根据码垛物料的尺寸及垛型，基于基坐标系计算出各物料码放位置的偏移值，NumArrayPos 的值与物料对应关系见表 2-16。在普通垛码垛流程程序（PPalletizing2）中，引入变量 NumCount2 对已完成码放的物料进行计数。

表 2-15　工业机器人码垛轨迹点和变量

	名　称	数据类型	功能描述
轨迹点	Area0101W	robtarget	码垛平台 B 物料码放基准点
	NumArrayPos{6,3}	num	二维数组，存放普通垛的 6 个放置点位基于 Area0101W 的偏移值
变量	NumCount2	num	普通垛的码垛计数器（初始值：1）

表 2-16　NumArrayPos 的值与物料对应关系

对应物料块序号	对应数组元素	偏移值及对应关系
1	NumArrayPos{1,1}	$X=0$
	NumArrayPos{1,2}	$Y=0$
	NumArrayPos{1,3}	$Z=0$
2	NumArrayPos{2,1}	$X=32.5$
	NumArrayPos{2,2}	$Y=0$
	NumArrayPos{2,3}	$Z=0$

续表

对应物料块序号	对应数组元素	偏移值及对应关系
3	NumArrayPos{3,1}	X = 65
	NumArrayPos{3,2}	Y = 0
	NumArrayPos{3,3}	Z = 0
4	NumArrayPos{4,1}	X = 0
	NumArrayPos{4,2}	Y = 0
	NumArrayPos{4,3}	Z = 15
5	NumArrayPos{5,1}	X = 32.5
	NumArrayPos{5,2}	Y = 0
	NumArrayPos{5,3}	Z = 15
6	NumArrayPos{6,1}	X = 65
	NumArrayPos{6,2}	Y = 0
	NumArrayPos{6,3}	Z = 15

为了实现在 HMI 界面上两种码垛模式的选择，PLC 程序除安全防护程序外，还需要补充与 HMI 界面、工业机器人之间通信部分的信号，工业机器人输入信号（PLC 输出信号）中需要引入新的信号来接收（发送）HMI 界面端对普通垛或三花垛的选择情况，工业机器人输出信号（PLC 输入信号）中需要引入新的信号来发送（接收）码垛完成情况，工业机器人输入输出信号见表 2-17。

表 2-17 工业机器人输入输出信号

信 号	硬件设备	端口号	名 称	功能描述	对应设备	对应 PLC 信号
输出信号	工业机器人 DSQC652 I/O 板（XS14）	1	ToPDigFinish	完成码垛的信号，值为 1 时，工业机器人告知 PLC 已完成码垛	PLC	I3.1
输入信号	工业机器人 DSQC652 I/O 板（XS12）	0	FrPDigMode1	接收 PLC 选择了码垛模式 1 的信号，值为 1 时表示已选择三花垛	PLC	Q12.0
		1	FrPDigMode2	接收 PLC 选择了码垛模式 2 的信号，值为 1 时表示已选择普通垛	PLC	Q12.1

（3）规划工业机器人主程序结构

根据要求规划如图 2-12 所示工业机器人条件分支逻辑结构图，工业机器人程序通过判断 PLC Q12.0 和 Q12.1 的信号值（即信号 FrPDigMode1 和 FrPDigMode2 的值），来进行对应码垛程序的调用，以实现 HMI 界面控制工艺流程的目的。

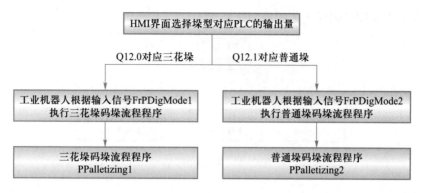

图 2-12　工业机器人条件分支逻辑结构图

建立普通垛流程选择程序 PPalletizing2，利用已编写完成的 PPalletizing1，在主程序中调用初始化程序，并加入逻辑判断指令 IF，判断工业机器人接收到的信号 FrPDigMode1 和 FrPDigMode2 的值，并进行普通垛码垛流程和三花垛码垛流程的调用，实现工业机器人根据选择的码垛模式完成码垛。

主程序结构如下，每个程序模块的功能见注释。程序改写和新程序编写详见本任务后续内容。

```
PROC main( )
        Initialize;!! 初始化程序
        IF FrPDigMode1>0 AND FrPDigMode2=0 THEN
            PPalletizing1;!! 选择三花垛模式,运行三花垛码垛流程
IF NumCount1>6 THEN
            Set ToPDigFinish;
ENDIF
        ENDIF
        IF FrPDigMode2>0 AND FrPDigMode1=0 THEN
            PPalletizing2;!! 选择普通垛模式,运行普通垛码垛流程
IF NumCount2>6 THEN
            Set ToPDigFinish;
ENDIF
        ENDIF
    ENDPROC
```

（4）规划 PLC 程序结构

根据工艺流程要求，PLC 程序可规划为初始化程序、安全防护程序和码垛模式选择程序，PLC 程序结构如图 2-13 所示。初始化程序主要用于急停和蜂鸣器信号的复位，码垛

模式选择程序主要用于码垛工艺的垛型选择。

图 2-13　PLC 程序结构

2. 设计 HMI 界面

在生产实际应用中，HMI 界面美观且多样。在 HMI 界面的设计过程中，大多会采用一个主界面（详情参考知识链接）作为通往不同功能 HMI 界面的入口。本任务将介绍 HMI 码垛流程选择界面的设计方法和步骤，该界面上的元件对应的地址见表 2-18。

表 2-18　HMI 元件对应的地址

元　件	地　址	功　能　描　述
项目选单	VB10	值为 1 时，表示 HMI 界面已选择普通垛；值为 2 时，表示 HMI 界面已选择三花垛
位状态切换开关	M0.1	值为 1 时，表示确认垛型选择并启动码垛流程

设计 HMI 界面的步骤见表 2-19。

表 2-19　设计 HMI 界面的步骤

序号	操作步骤	示　意　图
1	在计算机中打开威纶触摸屏软件，进入触摸屏工程编辑模式 设计码垛模式选择的下拉框 打开软件后，单击"EasyBuilder Pro"，新建工程文件	

续表

序号	操作步骤	示　意　图
2	单击"新建文件"，在 ip 系列中选择本项目对应的设备型号 TK6071iP，方向选择水平，单击"确定"	
3	在"系统参数设置"窗口可以看到已添加的触摸屏硬件信息。单击"新增"，在新弹出的"设备属性"窗口，选择与硬件设备连接的对应设备类型和接口类型（此码垛工作站内设备类型为西门子PLC——Siemens S7-200 SMART PPI，接口类型选择 RS485 2W），单击"确定"	
4	在"元件列表"中选择要新建界面的编号并在右键菜单中单击"新增"	

序号	操 作 步 骤	示　意　图
5	在弹出的界面中按照图示设置窗口名称、大小、位置以及外观颜色等，也可根据需求自定义，设置完毕单击"确定"	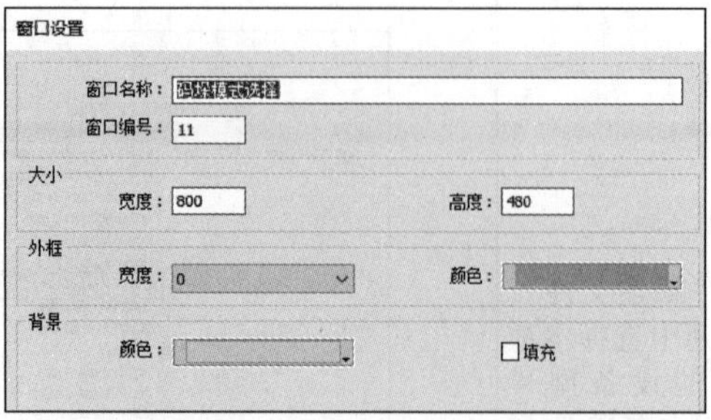
6	新增"模式选择界面"，双击打开该界面（HMI 界面切换，参考知识链接）	
7	单击"元件"菜单中的"项目选单"按钮，进入"项目选单"编辑界面	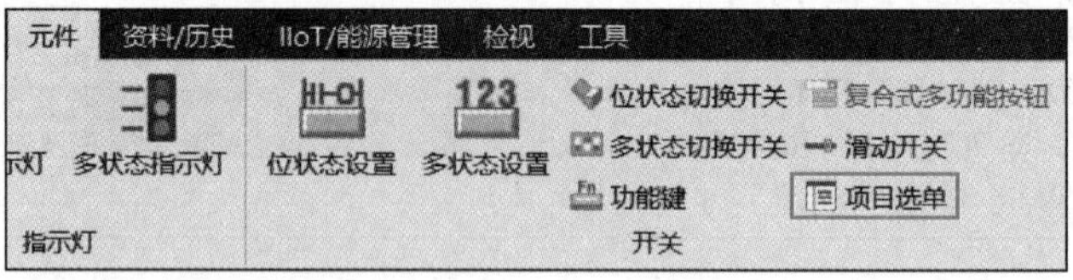
8	在项目选单的属性选项中，填写描述"码垛模式选择"，有两种码垛模式可选（普通垛和三花垛），故将项目数选为"2"	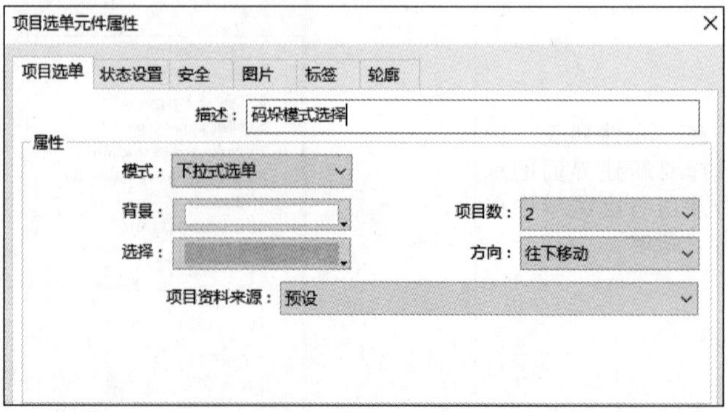

续表

序号	操 作 步 骤	示　意　图
9	将地址设定为 VB 10	
10	在"状态设置"选项中，数据为1时的"项目资料"填写"普通垛"，数据为2时的"项目资料"填写"三花垛"（VB 10中的数值为1时表示普通垛，数值为2时表示三花垛），完成设置后单击"确定"	
11	完成"项目选单"后的菜单栏如图所示	
12	设计启动按钮　单击"元件"菜单中的"位状态切换开关"	

续表

序号	操作步骤	示　意　图
13	添加描述"启动按钮",设定地址为"M0.1",选择操作模式"复归型",完成后单击"确定"(M0.1 与 PLC 程序中的 M0.1 触点相关联,复归型表示按下按钮松开时按钮自动弹起)	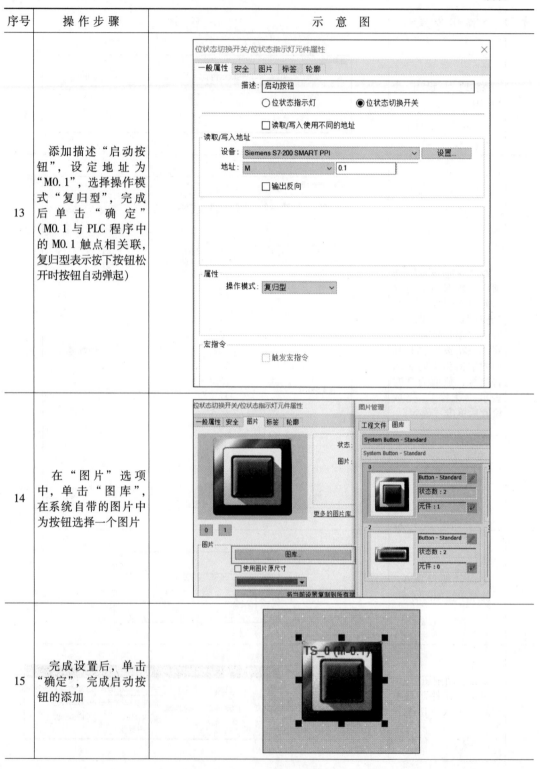
14	在"图片"选项中,单击"图库",在系统自带的图片中为按钮选择一个图片	
15	完成设置后,单击"确定",完成启动按钮的添加	

续表

序号	操作步骤	示意图
16	添加文字批注 选择"元件"菜单中的图示按钮	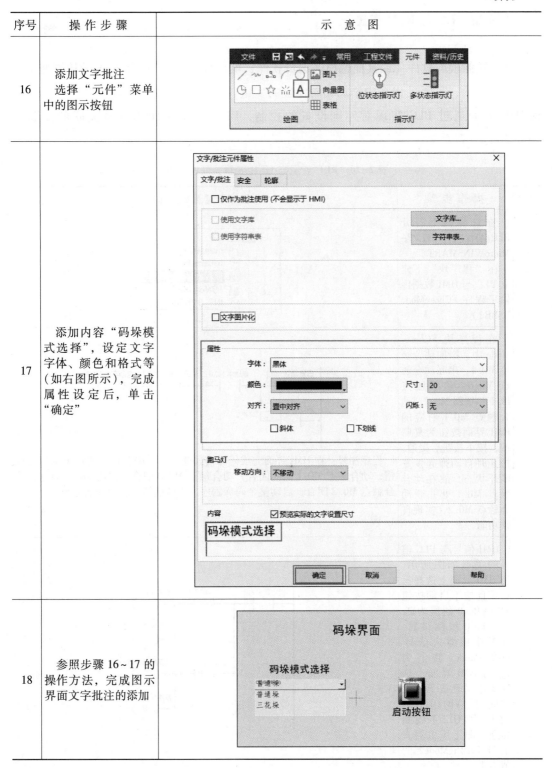
17	添加内容"码垛模式选择",设定文字字体、颜色和格式等(如右图所示),完成属性设定后,单击"确定"	
18	参照步骤 16～17 的操作方法,完成图示界面文字批注的添加	

3. 关联 PLC 与 HMI 变量

在威纶触摸屏软件（或其他触摸屏编辑软件，可自行选择）中对界面上的控制变量进行了定义之后，需要在 PLC 中添加相同地址的变量，并关联 PLC 变量与 HMI 变量，从而使 HMI 界面通过 PLC 实现对外围设备的控制，PLC 变量与 HMI 变量关联的步骤见表 2-20。

表 2-20　PLC 变量与 HMI 变量关联的步骤

序号	操 作 步 骤	程序示意图及注释
1	在计算机上打开 PLC 编程软件 STEP7-MicroWINSMART 在"程序块"下建立 PLC 与 HMI 数据传输子程序 FChoseMode（SBR1）	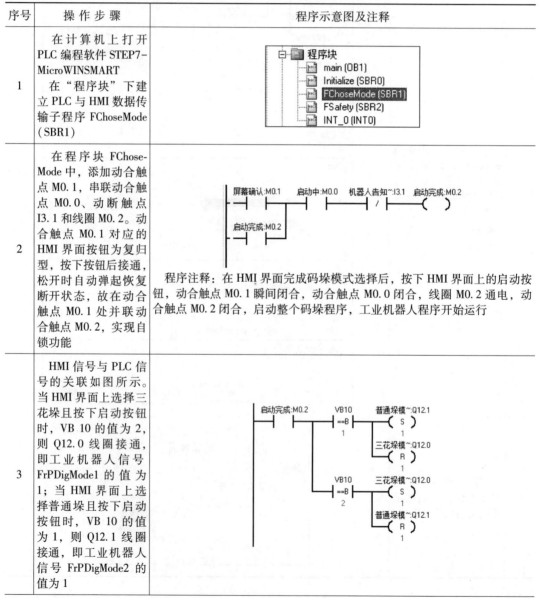
2	在程序块 FChoseMode 中，添加动合触点 M0.1、串联动合触点 M0.0、动断触点 I3.1 和线圈 M0.2。动合触点 M0.1 对应的 HMI 界面按钮为复归型，按下按钮后接通，松开时自动弹起恢复断开状态，故在动合触点 M0.1 处并联动合触点 M0.2，实现自锁功能	
3	HMI 信号与 PLC 信号的关联如图所示。当 HMI 界面上选择三花垛且按下启动按钮时，VB 10 的值为 2，则 Q12.0 线圈接通，即工业机器人信号 FrPDigMode1 的值为 1；当 HMI 界面上选择普通垛且按下启动按钮时，VB 10 的值为 1，则 Q12.1 线圈接通，即工业机器人信号 FrPDigMode2 的值为 1	

续表

序号	操作步骤	程序示意图及注释
4	在工业机器人完成码垛流程后，输出信号"ToPDigFinish"告知PLC已完成码垛，并复位信号FrPDigMode1和FrPDigMode2	机器人告知~:I3.1　普通垛模~:Q12.0 ──┤├──────┤├──────(R) 　　　　　　　　　　　　　　　2 程序注释：动合触点I3.1闭合，断开Q12.0线圈和Q12.1线圈（复位Q12.0和Q12.1）
5	在程序块main中，调用功能程序FchoseMode（SBR1），建立PLC变量与HMI变量的通信功能	Always_On:SM0.0　　　　FChoseMode ──┤├──────┤├──────EN

4. 编写工业机器人程序

按照前文所述的程序规划，依次完成初始化程序的改写，物料码放（普通垛）程序的改写和工业机器人普通垛码垛流程程序的编写。

（1）改写初始化程序

在原初始化程序基础上，添加指令复位信号ToPDigFinish，初始化程序如下：

PROC Initialize( )

    MoveAbsJ Home1\NoEOffs, v1000, Z50, tool0;

    AccSet 50, 100;

    VelSet 70, 800;

    NumCount1 : = 1;

    NumCount2 : = 1;

    Reset ToTDigGrip;

    Reset ToPDigFinish;

    Set ToTDigQuickchange;

ENDPROC

（2）改写物料码放（普通垛）程序

在普通垛码垛流程中，引入偏移基准点Area0101W和num型二维数组NumArrayPos{6,3}来进行物料的码放，故只需在完成第一块物料码放位置（图2-14）的示教后，参照三花垛码垛程序的编写方法，对程序MPalletizing1进行改写。

图 2-14 Area0101W 的位置示意图

程序如下:

```
PROC MPalletizing2( )
    MoveAbsJ Area0101R\NoEOffs, v1000, Z50, tool0;
    MoveL
     Offs（Area0101W, NumArrayPos｛NumCount2, 1｝, NumArrayPos｛NumCount2, 2｝,
     NumArrayPos｛NumCount2,3｝+50）, v500, fine, tool0;
    MoveL
     Offs（Area0101W, NumArrayPos｛NumCount2, 1｝, NumArrayPos｛NumCount2, 2｝,
     NumArrayPos｛NumCount2,3｝）, v20, fine, tool0;
    WaitTime 0.2;
    Reset ToTDigGrip;
    WaitTime 0.2;
    MoveL
    Offs（Area0101W, NumArrayPos｛NumCount2, 1｝, NumArrayPos｛NumCount2, 2｝,
    NumArrayPos｛NumCount2,3｝+50）, v50, fine, tool0;
    MoveAbsJ Area0101R\NoEOffs, v1000, Z50, tool0;
   ENDPROC
```

（3）编写工业机器人普通垛码垛流程程序

在工业机器人普通垛码垛流程程序"PPalletizing2"中，引入变量 NumCount2 对已完成码放的物料进行计数，参照三花垛码垛流程程序的编写方法，完成如下所示程序的编写。

```
PROC PPalletizing2( )
    MGetTool1 ;
      FOR i FROM 1 TO 6 DO
          MCarry ;
          MPalletizing2 ;
          NumCount2 : = NumCount2+1 ;
      ENDFOR
    MPutTool1 ;
ENDPROC
```

任务评价

任务评价见表2-21。

表2-21 任 务 评 价

评分类别	评分项目	评分内容	配分	学生自评 ○	小组互评 △	教师评价 □
职业素养（20分）	规范"7S"操作（8分）	○ △ □ 整理、整顿	2			
		○ △ □ 清理、清洁	2			
		○ △ □ 素养、节约	2			
		○ △ □ 安全	2			
	进行"三检"工作（6分）	○ △ □ 检查作业所需要的工具设备是否完备	2			
		○ △ □ 检查设备基本情况是否正常	2			
		○ △ □ 检查工作环境是否安全	2			
	做到"三不"操作（6分）	○ △ □ 操作过程工具不落地	2			
		○ △ □ 操作过程材料不浪费	2			
		○ △ □ 操作过程不脱安全帽	2			
职业技能（80分）	规划拓展任务程序结构（20分）	○ △ □ 正确规划普通垛码垛流程程序	5			
		○ △ □ 正确新增工业机器人码垛轨迹点位和变量	5			
		○ △ □ 正确规划工业机器人主程序结构	5			
		○ △ □ 正确规划 PLC 程序结构	5			

续表

评分类别	评分项目	评 分 内 容	配分	学生 自评 ○	小组 互评 △	教师 评价 □
职业技能 （80分）	设计码垛 工作站 HMI 流程选择界 面（30分）	○ △ □　正确设计码垛模式选择的下拉框	15			
		○ △ □　正确设计启动按钮	10			
		○ △ □　正确添加文字批注	5			
	关联码垛 工作站 HMI 与 PLC 的变 量（6分）	○ △ □　正确关联码垛工作站 HMI 变量与 PLC 变量	6			
	编写工业 机器人程序 （24分）	○ △ □　正确改写初始化程序	8			
		○ △ □　正确改写物料码放（普通垛）程序	8			
		○ △ □　正确编写工业机器人普通垛码垛流程 程序	8			
合计			100			

注：依据得分条件进行评分，按要求完成在记录符号上（学生○、小组△、教师□）打√，未按要求完成在记录符号上（学生○、小组△、教师□）打×，并扣除对应分数。

知 识 链 接

人机交互界面

1. 认识人机交互界面

人机交互简称 HMI（Human Machine Interaction），是控制系统和操作者之间进行的信息交互，人机交互界面（HMI 界面）可以实现信息的内部形式与人类可以接受形式之间的转换。操作人员可通过 HMI 界面上相应按钮控制工作站中设备的运行，工作站中设备的工作状态和信号状态等也可在 HMI 界面上显示。图 2-15 所示为不同系列的 HMI 产品。

从严格意义上来说，人机交互界面并非人们常说的触摸屏，它们两者是有本质区别的。触摸屏大多只是人机交互界面产品中用于替代鼠标及键盘功能，安装在显示屏前端的输入设备；而人机交互界面产品则是一种除触摸屏外，还包含其他硬件和软件的人机交互设备。

图 2-15　不同系列的 HMI 产品

2. 人机交互界面的构成及接口

人机交互界面由硬件和软件两部分组成。硬件包括处理器、显示单元、输入单元、通信接口、数据存储单元等，其中处理器的性能决定了人机交互产品的性能高低，是人机交互的核心单元。根据产品等级不同，处理器可分别选用 8 位、16 位、32 位的处理器。软件又分为两部分，即运行于硬件中的系统软件和运行于计算机操作系统下的画面组态软件（如画面组态软件 EasyBuilder Pro）。

人机交互的接口种类很多，有 RS232、RS485、CAN、RJ45 网线接口，人机交互界面与 PLC 的通信较多采用 RS485 通信。图 2-16 所示为本任务中 PLC 与人机交互设备之间的通信线路。

3. 人机交互界面间的切换

存在多个人机交互界面的情况下，如何实现各界面间的切换呢？可以在需要进行切换的界面添加"功能键"，实现不同界面之间的切换。以码垛界面切换到欢迎界面为例，界

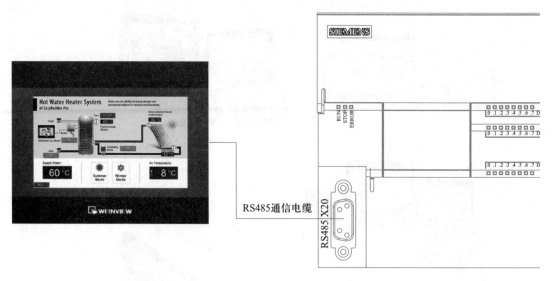

RS485通信电缆

图 2-16　PLC 与人机交互设备之间的通信线路

面切换的设计步骤见表 2-22。

表 2-22　界面切换的设计步骤

序号	操作步骤	示意图
1	在计算机上打开 PLC 编程软件 STEP7-MicroWINSMART 　在元件列表下，选择编号 10 新增设置"欢迎界面"	元件列表 3 : Fast Selection 4 : Common Window 5 : Device Response 6 : HMI Connection 7 : Password Restriction 8 : Storage Space Insufficient 9 : Backup *10 : 欢迎界面 *11 : 码垛选择模式
2	参照拓展任务中设计 HMI 界面的操作方法和步骤，完成图示欢迎界面的设计	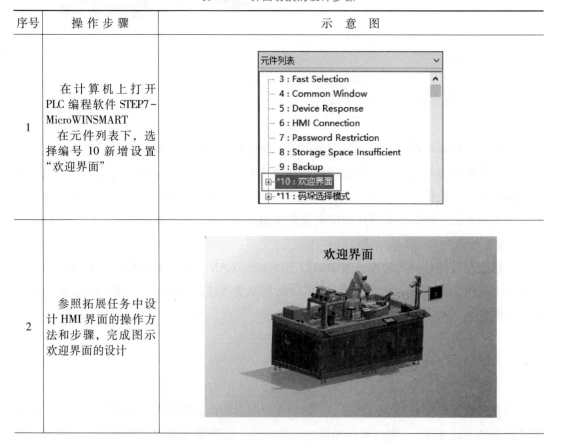

续表

序号	操作步骤	示　意　图
3	双击"11：码垛选择模式"，在"元件"菜单中单击"功能键"	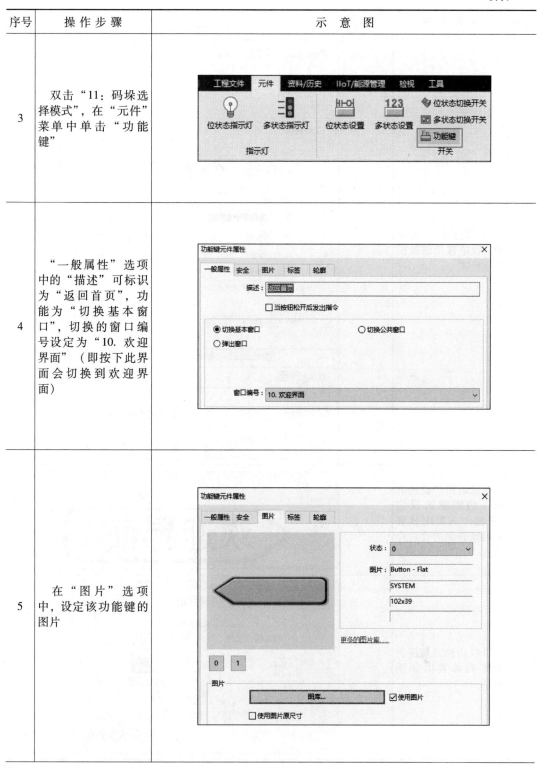
4	"一般属性"选项中的"描述"可标识为"返回首页"，功能为"切换基本窗口"，切换的窗口编号设定为"10. 欢迎界面"（即按下此界面会切换到欢迎界面）	
5	在"图片"选项中，设定该功能键的图片	

续表

<table>
<tr><th>序号</th><th>操作步骤</th><th>示意图</th></tr>
<tr><td>6</td><td>在“标签”选项中，设定该功能键的文字标签</td><td>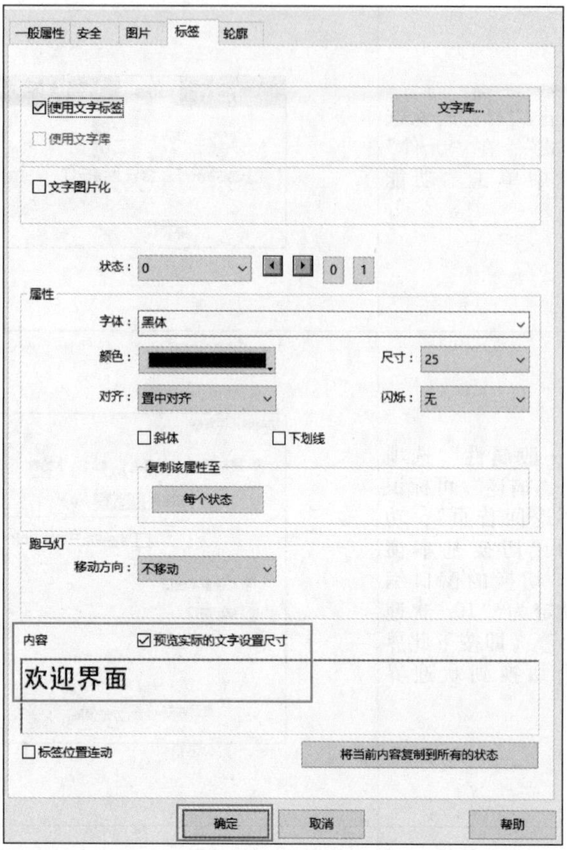
</td></tr>
<tr><td>7</td><td>完成返回“欢迎界面”功能键的设定（根据个人需求放置在码垛界面的合适位置）</td><td>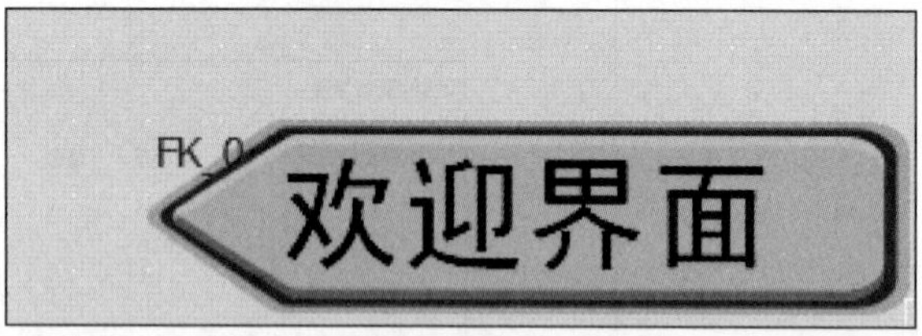
</td></tr>
<tr><td>8</td><td>可以切换到欢迎界面的码垛界面如图所示</td><td>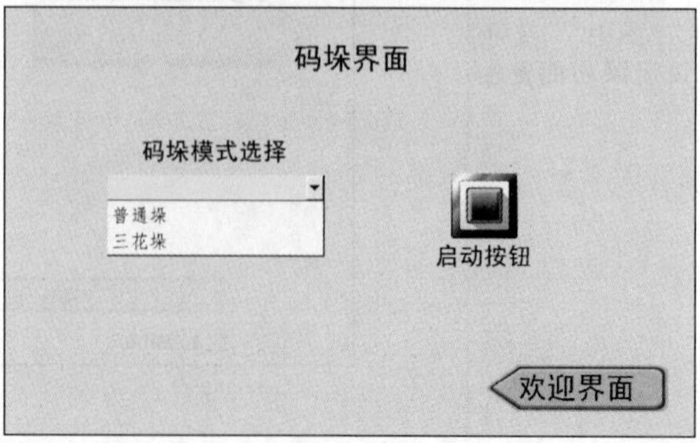
</td></tr>
</table>

数组的认识和使用

1. 数组的认识

在程序设计中，为了处理方便，把相同类型的若干变量按有序的形式组织起来，这些按序排列的同类数据元素的集合称为数组。

当调用数组中的元素时，需要指定被调用元素的序列号，在程序中可以定义一维数组、二维数组、三维数组。

所有数据类型都可以创建数组，常用的数组数据类型有 num 数值型（图 2-17a）、robtarget 位置数据型（图 2-17b）。

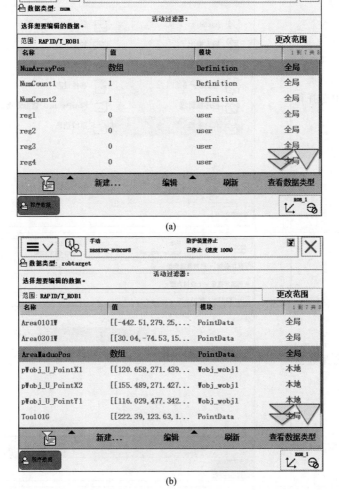

(a)

(b)

图 2-17　不同数据类型的数组

2. 数组的使用

（1）数组的使用举例

建立一个 num 数值型一维数组的程序如下：

VAR numnumber1{3}：=［6,3,4,7］；!! 定义一维数组 number1

number2：=number1{3}；!! number2 被赋值为 4

（2）数组的创建方法

数组的创建方法见表 2-23。

表 2-23　数组的创建方法

序号	操作步骤	示　意　图
1	在示教器中选择程序数据	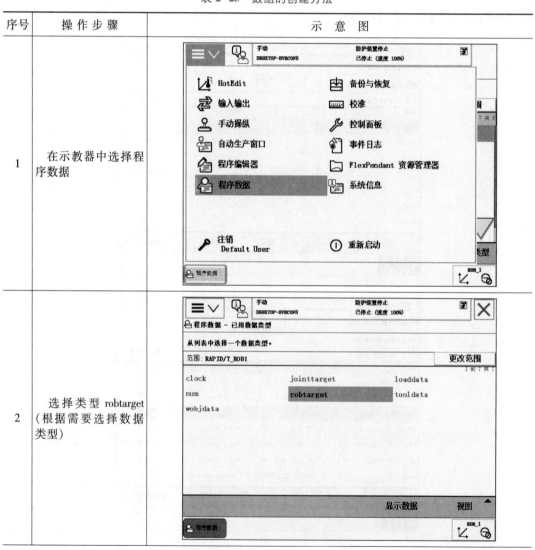
2	选择类型 robtarget（根据需要选择数据类型）	

续表

序号	操 作 步 骤	示　意　图
3	新建名为"Area-MaduoPos"的一维数组，其中有 6 个元素（robtarget 型）	手动 DESKTOP-HVBCOF8　防护装置停止　己停止 (速度 100%) 数据声明 数据类型: robtarget　　当前任务: T_ROB1 名称: AreaMaduoPos 范围: 全局 存储类型: 常量 任务: T_ROB1 模块: PointData 例行程序: 〈无〉 维数: 1　{6} 确定　取消 程序数据　ROB_1
4	选择该数组界面中对应元素的序列号，单击"修改位置"，即可将工业机器人当前位置信息记录在该元素中	手动 DESKTOP-HVBCOF8　防护装置停止　己停止 (速度 100%) robtarget 维数名称:　　AreaMaduoPos {6} 点击需要编辑的组件。 组件　值　1 到 6 共 6 {1}　[[-442.74, 279.31, 338.23], [0.00544403, 0.920571, 0... {2}　[[-347.57, 310.55, 337.22], [0.00225604, 0.371249, 0... {3}　[[-348.11, 343.82, 336.64], [0.00231396, 0.371255, 0... {4}　[[-380.55, 308.49, 351.99], [0.0023099, 0.383341, 0.9... {5}　[[-381.68, 341.98, 352.16], [0.00229601, 0.379287, 0... {6}　[[-376.55, 280.85, 352.72], [0.00541578, 0.920569, 0... 修改位置　关闭 程序数据　ROB_1
5	将运动指令中的点位选择为 robtarget 型数组 AreaMaduoPos，即可实现该数组的调用	手动 DESKTOP-HVBCOF8　防护装置停止　己停止 (速度 100%) 更改选择 当前变量:　　ToPoint 选择自变量值。　活动过滤器: MoveL *, v1000, z50, tool0 \WObj:= wobj1; 数据　功能 1 到 7 共 7 新建　* Area0101W　Area0301W AreaMaduoPos　Tool01G Tool01P 123...　表达式…　编辑　确定　取消 T_ROB1 MaicoMa...　ROB_1

续表

序号	操作步骤	示 意 图
6	图示指令为调用该数组中记录的第 2 个点位，工业机器人将线性运动到数组元素 AreaMaduoPos｛2｝记录的点位	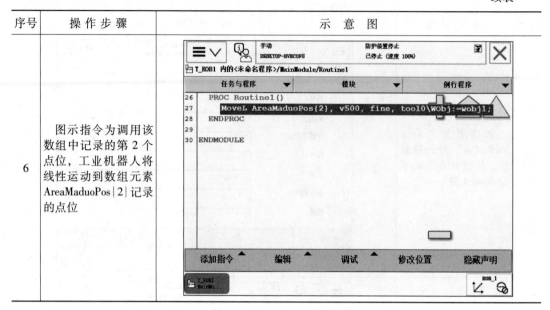

项目三
工业机器人涂胶工作站的应用实训

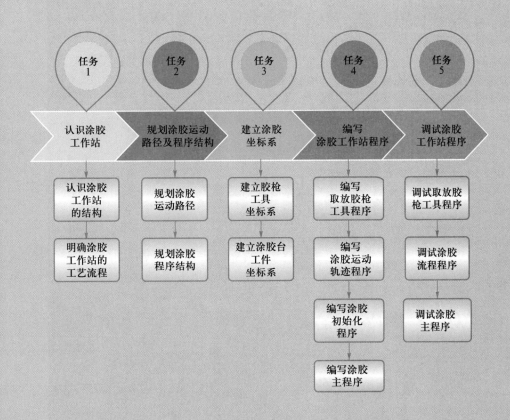

引言

在汽车制造、电子封装等行业中，密封涂胶都是必不可少的一个工艺流程，涂胶效果的好坏直接影响密封质量。人工涂胶时，受涂胶工人操作熟练程度和疲劳程度的影响，涂胶的速度和质量都不稳定。根据市场需求，工业机器人涂胶工作站应运而生。

本项目中的涂胶工作站将涂胶工艺进行功能简化，工业机器人抓持胶枪工具沿合理布置的产品外轮廓轨迹运行，模拟涂胶工艺过程。

拓展任务将完成涂胶工艺的人机交互设计，实现在 HMI 界面上设置分段轨迹的涂胶速度。

学习目标	
	1）认识涂胶工作站的结构，明确涂胶工作站的工艺流程。
	2）能合理规划涂胶运动路径和程序结构。
	3）会建立胶枪工具坐标系。
	4）会建立涂胶台工件坐标系。
	5）能根据程序规划编写工业机器人涂胶程序。
	6）能根据涂胶工作站的人机交互控制要求，设计 HMI 组态、编写 PLC 程序和工业机器人程序。
	7）会联合调试 HMI、PLC 和工业机器人程序。

任务1 认识涂胶工作站

任务目标

1）认识涂胶工作站的结构。
2）明确涂胶工作站的工艺流程。

任务内容

认识涂胶工作站的结构及工艺流程。

任务实施

1. 认识涂胶工作站的结构

涂胶工作站的作用是利用工业机器人驱动胶枪工具，到涂胶台按照规划好的涂胶轨迹进行涂胶。涂胶工作站的整体结构如图3-1所示，由工业机器人、胶枪工具与工具架、涂胶台构成，图3-2所示为涂胶台。

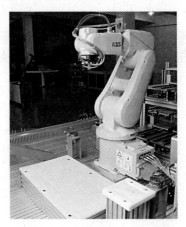

图 3-1 涂胶工作站整体结构

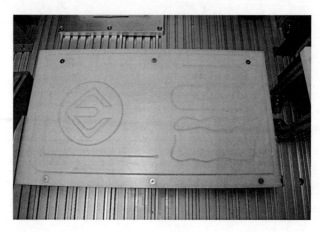

图 3-2 涂胶台

2. 明确涂胶工作站的工艺流程

本项目要实现如图 3-3 所示涂胶轨迹的涂胶。涂胶工作站的工艺流程为：装载胶枪工具—按照涂胶轨迹进行涂胶—卸载胶枪工具，如图 3-4 所示。

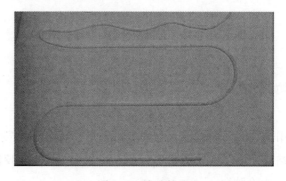

图 3-3 涂胶轨迹

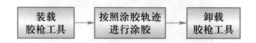

图 3-4 涂胶工作站的工艺流程

任务评价

任务评价见表 3-1。

表 3-1 任务评价

评分类别	评分项目	评分内容	配分	学生自评 ○	小组互评 △	教师评价 □
职业素养（20分）	规范"7S"操作（8分）	○ △ □ 整理、整顿	2			
		○ △ □ 清理、清洁	2			
		○ △ □ 素养、节约	2			
		○ △ □ 安全	2			
	进行"三检"工作（6分）	○ △ □ 检查作业所需要的工具设备是否完备	2			
		○ △ □ 检查设备基本情况是否正常	2			
		○ △ □ 检查工作环境是否安全	2			
	做到"三不"操作（6分）	○ △ □ 操作过程工具不落地	2			
		○ △ □ 操作过程材料不浪费	2			
		○ △ □ 操作过程不脱安全帽	2			
职业技能（80分）	涂胶工作站的组成（40分）	○ △ □ 正确书写或口述涂胶工作站主要部件名称	20			
		○ △ □ 正确绘制涂胶台面板上 A/B/C/D 四个主要涂胶轨迹	20			
	涂胶工作站的工艺流程（40分）	○ △ □ 正确书写或口述工业机器人涂胶工艺的应用	20			
		○ △ □ 正确书写或口述涂胶的工艺流程	20			
合计			100			

注：依据得分条件进行评分，按要求完成在记录符号上（学生○、小组△、教师□）打√，未按要求完成在记录符号上（学生○、小组△、教师□）打×，并扣除对应分数。

任务 2 规划涂胶运动路径及程序结构

任务目标

1）能够合理规划涂胶运动路径。

2）能够合理规划涂胶程序结构。

任务内容

完成涂胶运动路径、工业机器人程序结构及 I/O 信号的规划。

任务实施

1. 规划涂胶运动路径

工业机器人先运动至拾取胶枪工具处，装夹胶枪工具；再运动到涂胶台处，按照规划好的涂胶轨迹进行涂胶；完成涂胶工艺流程后，工业机器人运动至胶枪工具的存放位置，放回胶枪工具。工业机器人涂胶路径轨迹点位、坐标系见表 3-2，工业机器人涂胶轨迹工作点位置如图 3-5 所示。

表 3-2　工业机器人涂胶路径轨迹点位、坐标系

类　型	名　称	功　能　描　述
工业机器人空间轨迹点	Home3	涂胶工作站中的工业机器人工作原点
	Tool2G	取胶枪工具点位
	Tool2P	放胶枪工具点位
	Area0201R	涂胶临近点
	Area0201W	涂胶轨迹工作点 1（Area0201W）
	Area0202W	涂胶轨迹工作点 2（Area0202W）
	Area0203W	涂胶轨迹工作点 3（Area0203W）
	Area0204W	涂胶轨迹工作点 4（Area0204W）
	Area0205W	涂胶轨迹工作点 5（Area0205W）
	Area0206W	涂胶轨迹工作点 6（Area0206W）
	Area0207W	涂胶轨迹工作点 7（Area0207W）
	Area0208W	涂胶轨迹工作点 8（Area0208W）
涂胶案例中建立的坐标系	Tool2	胶枪工具坐标系
	wobj2	涂胶工件坐标系

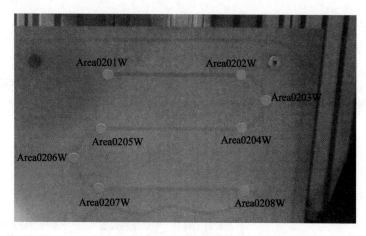

图 3-5　工业机器人涂胶轨迹工作点

2. 规划涂胶程序结构

（1）规划工业机器人程序结构

根据涂胶工艺流程及工业机器人运动路径的规划，将工业机器人程序划分为 4 个程序模块，包括点位模块、主程序模块、应用程序模块和变量定义模块。

点位模块主要用于声明并保存工业机器人涂胶过程中的空间轨迹点位，便于后续程序直接调用。主程序模块包括初始化程序和主程序，初始化程序用于工业机器人初始位姿的调整、整体运行速度的把控；主程序只有一个，用于整个涂胶工艺流程的组织和串联。应用程序模块包括工业机器人实现涂胶工艺流程的三个子程序，包括取胶枪工具程序、涂胶轨迹程序和放回胶枪工具程序。变量定义模块用于定义程序中使用到的变量，包括工具坐标系和工件坐标系。

各个子程序的名称及功能如下：

1）MGetTool2：用于实现工业机器人取胶枪工具的子程序模块。

2）MGumming1：工业机器人沿着涂胶轨迹进行涂胶的子程序模块。

3）MPutTool2：用于实现工业机器人放回胶枪工具的子程序模块。

工业机器人程序结构如图 3-6 所示。

（2）规划工业机器人 I/O 信号

工业机器人与工具快换装置存在信号通信，信号规划见表 3-3。

表 3-3　信 号 规 划

硬 件 设 备	端口号	名　　称	功 能 描 述	对应设备
工业机器人 DSQC652 I/O 板（XS14）	7	ToTDigQuickChange	快换装置信号。信号为 1 时，工业机器人快换装置内的钢珠缩回；信号为 0 时，工业机器人快换装置内的钢珠弹出	快换装置

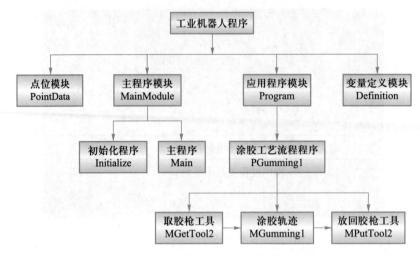

图 3-6 工业机器人程序结构

（3）规划工业机器人主程序

主程序调用初始化程序 Initialize 及涂胶工艺流程程序 PGumming1，程序按照顺序依次执行，直至完成整个工艺流程。

工业机器人主程序如下所示：

```
PROC main()
    Initialize;!! 初始化程序
    PGumming1;!! 涂胶流程程序
ENDPROC
```

任务评价

任务评价见表 3-4。

表 3-4 任 务 评 价

评分类别	评分项目	评分内容	配分	学生自评 ○	小组互评 △	教师评价 □
职业素养（20分）	规范"7S"操作（8分）	○ △ □ 整理、整顿	2			
		○ △ □ 清理、清洁	2			
		○ △ □ 素养、节约	2			
		○ △ □ 安全	2			

续表

评分类别	评分项目	评分内容	配分	学生自评 ○	小组互评 △	教师评价 □
职业素养（20分）	进行"三检"工作（6分）	○ △ □　检查作业所需要的工具设备是否完备	2			
		○ △ □　检查设备基本情况是否正常	2			
		○ △ □　检查工作环境是否安全	2			
	做到"三不"操作（6分）	○ △ □　操作过程工具不落地	2			
		○ △ □　操作过程材料不浪费	2			
		○ △ □　操作过程不脱安全帽	2			
职业技能（80分）	规划涂胶运动路径（40分）	○ △ □　根据工艺要求正确规划涂胶运动路径，主要经过点的位置，确保机器人不发生碰撞、不出现轴超限	10			
		○ △ □　正确规划工业机器人取放工具的位置及临界点位	10			
		○ △ □　根据规划路径，正确命名所有运动路径中的位置名称和数据名称	20			
	规划工业机器人程序（40分）	○ △ □　能根据工艺流程正确完成程序模块化规划	10			
		○ △ □　能根据工艺要求规划抓取工具的I/O通信信号	10			
		○ △ □　利用工具台的辅助工件坐标系法进行程序规划	10			
		○ △ □　利用涂胶台的辅助工件坐标系法进行程序规划	10			
合计			100			

注： 依据得分条件进行评分，按要求完成在记录符号上（学生○、小组△、教师□）打√，未按要求完成在记录符号上（学生○、小组△、教师□）打×，并扣除对应分数。

任务3　建立涂胶坐标系

任务目标

1）会建立胶枪工具坐标系。

2）会建立涂胶台工件坐标系。

任务内容

工业机器人运动至胶枪工具存放处进行装夹或存放胶枪工具时，需要以胶枪工具坐标系为基准；运动至涂胶台处涂胶时，需要以涂胶台工件坐标系为基准。要想实现涂胶工作站的涂胶任务，必须先建立胶枪工具坐标系和涂胶台工件坐标系。

任务实施

1. 建立胶枪工具坐标系

建立胶枪工具坐标系时需准备尖锥工具，将尖锥工具放置于固定位置，作为空间中固定已知点。图3-7所示为胶枪工具坐标系。

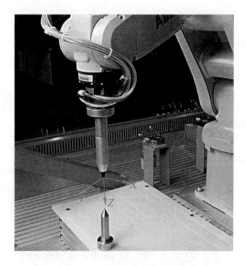

图3-7　胶枪工具坐标系

由于胶枪工具轴向与法兰轴向重合，因此可设定胶枪工具坐标系方向与默认工具坐标系（tool0）一致，所以采用默认4点法建立胶枪工具坐标系，步骤见表3-5。

表 3-5　建立胶枪工具坐标系的步骤

序号	操作步骤	示　意　图
1	单击示教器左上角的主菜单按钮	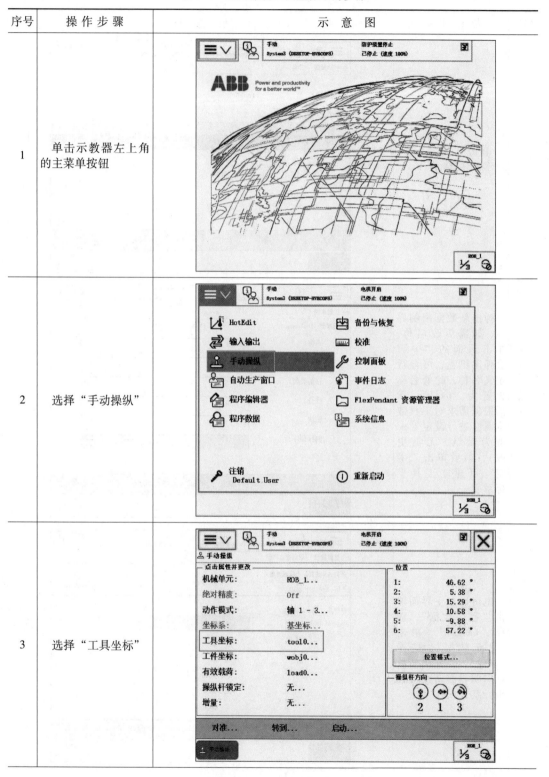
2	选择"手动操纵"	
3	选择"工具坐标"	

序号	操作步骤	示 意 图
4	单击"新建…"，新建工具坐标系	
5	弹出新数据声明界面，如需更改名称，单击后面的"…"，会弹出键盘，可自行定义名称，此处名称设置为"tool2"，然后根据需求对工具数据属性进行设定（一般为默认，无需更改），最后单击"确定"可建立工具坐标系	
6	也可以在主界面单击"程序数据"，选择"tooldata"，单击"显示数据"，选择"新建"，在弹出新数据声明界面新建工具坐标系	

续表

序号	操作步骤	示　意　图
7	选中新建的"tool2"工具坐标系，单击"编辑"，然后单击"定义…"，进入下一步	
8	在定义方法中选择"TCP（默认方向）"，即4点法设定TCP	
9	按下示教器使能器，操纵工业机器人以任意姿态使胶枪工具参考点靠近并接触放置于涂胶台上的TCP参考点（即尖锥尖端），然后把当前位置作为第一点	

续表

序号	操作步骤	示 意 图
10	在示教器上选中"点 1",然后单击"修改位置"保存当前位置	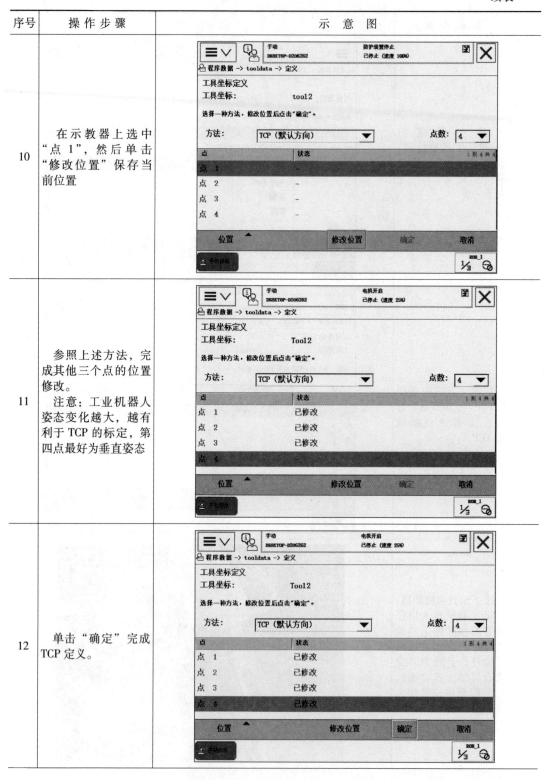
11	参照上述方法,完成其他三个点的位置修改。 注意:工业机器人姿态变化越大,越有利于 TCP 的标定,第四点最好为垂直姿态	
12	单击"确定"完成 TCP 定义。	

续表

序号	操作步骤	示 意 图
13	工业机器人自动计算 TCP 的标定误差,平均误差（如图所示）小于 0.5 mm,才可单击"确定"进入下一步,否则需要重新标定 TCP	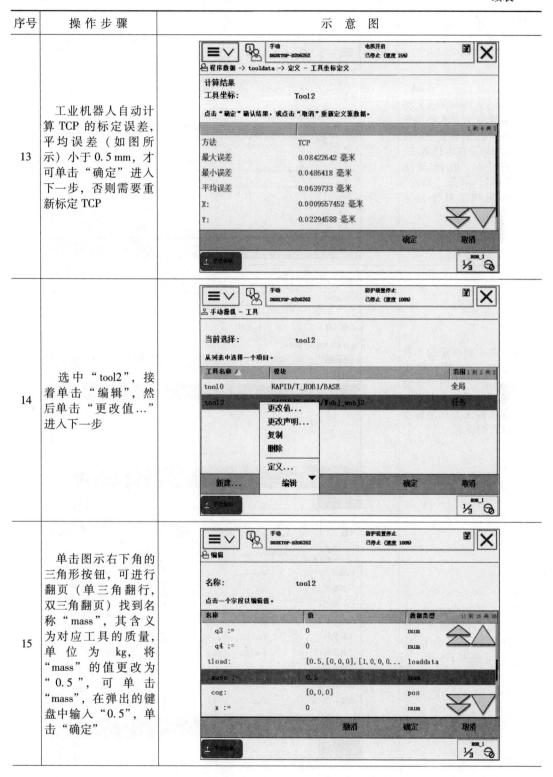
14	选中"tool2",接着单击"编辑",然后单击"更改值…"进入下一步	
15	单击图示右下角的三角形按钮,可进行翻页（单三角翻行,双三角翻页）找到名称"mass",其含义为对应工具的质量,单位为 kg,将"mass"的值更改为"0.5",可单击"mass",在弹出的键盘中输入"0.5",单击"确定"	

续表

序号	操作步骤	示 意 图
16	tload. cog. x、tload. cog. y、tload. cog. z 的数值是工具重心基于 tool0 的偏移量，单位为 mm。在本任务中，将"z"值修改为"10"，单击"确定"返回到工具坐标系界面	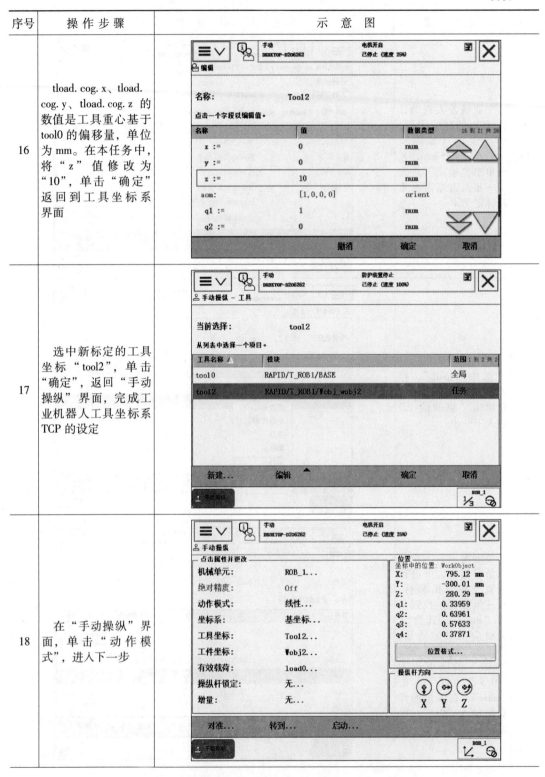
17	选中新标定的工具坐标"tool2"，单击"确定"，返回"手动操纵"界面，完成工业机器人工具坐标系 TCP 的设定	
18	在"手动操纵"界面，单击"动作模式"，进入下一步	

续表

序号	操作步骤	示意图
19	在动作模式中选择"重定位",然后单击"确定"	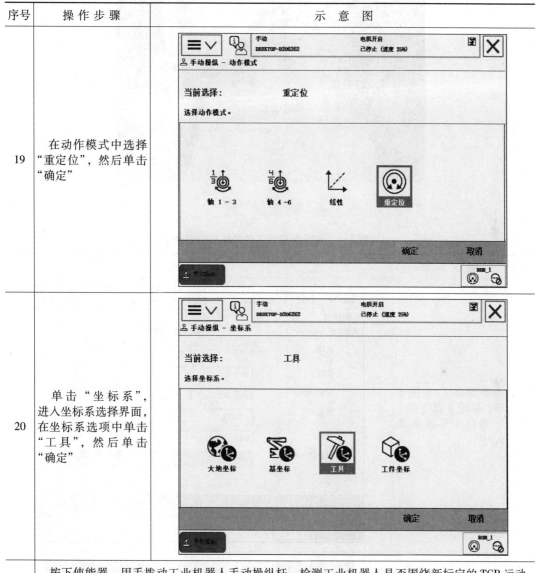
20	单击"坐标系",进入坐标系选择界面,在坐标系选项中单击"工具",然后单击"确定"	
21	按下使能器,用手拨动工业机器人手动操纵杆,检测工业机器人是否围绕新标定的 TCP 运动。如果工业机器人围绕 TCP 运动,则 TCP 标定成功,如果没有围绕 TCP 运动,则需要重新进行标定	

2. 建立涂胶台工件坐标系

参照项目二中建立码垛工件坐标系的方法,建立涂胶台工件坐标系,如图 3-8 所示。

在准确的工件坐标系下编写程序,有利于轨迹点的示教和轨迹的偏移。建立涂胶台工件坐标系的步骤见表 3-6。

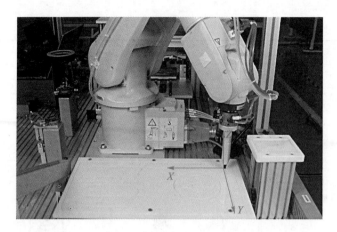

图 3-8　涂胶台工件坐标系

表 3-6　建立涂胶台工件坐标系的步骤

序号	操 作 步 骤	示　意　图
1	参照表 2-6 的步骤，采用 3 点法建立涂胶台工件坐标系 wobj2	手动　DESKTOP-D2O6262　防护装置停止　已停止（速度 100%） 数据声明 数据类型：wobjdata　　　当前任务：T_ROB1 名称：wobj2　… 范围：任务 存储类型：可变量 任务：T_ROB1 模块：Wobj_wobj2 例行程序：〈无〉 初始值　　　确定　取消 手动操纵　I/O　　ROB_1　1/3
2	手动操纵工业机器人，使胶枪工具的 TCP 靠近涂胶台工件坐标系的原点，单击"修改位置"，记录用户点"X1"的位置数据	

续表

序号	操作步骤	示　意　图
3	手动操纵工业机器人，使胶枪工具的TCP靠近涂胶台工件坐标系 X 轴正方向上一点，单击图示的"修改位置"，记录用户点"X2"的位置数据	
4	手动操纵工业机器人，使胶枪工具的TCP处于涂胶台工件坐标系的 Y 轴正方向上一点，记录此点位置为用户点"Y1"。至此完成涂胶台工件坐标系的建立，参照表2-6，测试工件坐标系 wobj2 的准确性	

任务评价

任务评价见表3-7。

表 3-7　任务评价

评分类别	评分项目	评分内容		配分	学生自评 ○	小组互评 △	教师评价 □
职业素养（20分）	规范"7S"操作（8分）	○ △ □	整理、整顿	2			
		○ △ □	清理、清洁	2			
		○ △ □	素养、节约	2			
		○ △ □	安全	2			

续表

评分类别	评分项目	评 分 内 容	配分	学生自评 ○	小组互评 △	教师评价 □
职业素养 （20分）	进行"三检"工作 （6分）	○ △ □ 检查作业所需要的工具设备是否完备	2			
		○ △ □ 检查设备基本情况是否正常	2			
		○ △ □ 检查工作环境是否安全	2			
	做到"三不"操作 （6分）	○ △ □ 操作过程工具不落地	2			
		○ △ □ 操作过程材料不浪费	2			
		○ △ □ 操作过程不脱安全帽	2			
职业技能 （80分）	建立胶枪工具坐标系 （50分）	○ △ □ 使用尖锥工具为参照点，操作过程中该尖锥固定不动	10			
		○ △ □ 操作示教器使工业机器人移动到胶枪存放位置进行安装，不发生碰撞	10			
		○ △ □ 采用4点法定义工具坐标系，操作过程中不发生碰撞	10			
		○ △ □ 建立的工具坐标系平均误差小于0.5 mm	10			
		○ △ □ 对建立的工具坐标系进行验证，并验证正确	10			
	建立涂胶台工件坐标系 （30分）	○ △ □ 手动操纵示教器，利用3点法建立工件坐标系	10			
		○ △ □ 在建立工件坐标系时，保证 X1X2 和 X1Y1 垂直	10			
		○ △ □ 在整个操作过程中，工业机器人不和台面发生碰撞	5			
		○ △ □ 对建立的工件坐标系进行验证，并验证正确	5			
合计			100			

注：依据得分条件进行评分，按要求完成在记录符号上（学生○、小组△、教师□）打√，未按要求完成在记录符号上（学生○、小组△、教师□）打×，并扣除对应分数。

任务4 编写涂胶工作站程序

任务目标

1）会编写取放胶枪工具程序。

2）会编写沿轨迹涂胶程序。

3）会编写初始化程序。

任务内容

完成涂胶程序的编写。工业机器人从工作原点运动到工具抓取点，装载胶枪工具，再运动至涂胶台处，沿着涂胶轨迹完成涂胶工艺流程，返回至工具放置点放回胶枪工具，最后返回至工作原点，完成整个涂胶流程。

任务实施

1. 编写取放胶枪工具程序

胶枪工具的取放流程与项目二中夹爪工具的取放流程类似，可参考对应的程序，通过修改点位名称、重新示教点位等操作，完成胶枪工具的取放程序。取放胶枪工具程序编写步骤见表 3-8。

表 3-8　取放胶枪工具程序编写步骤

序号	操作步骤	示　意　图
1	编写取胶枪工具程序 MGetTool2 进入程序数据，选择 jointtarget，单击"显示数据"	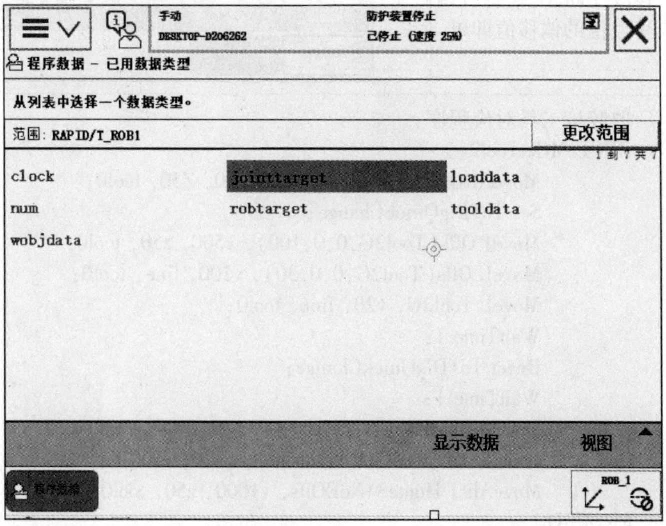

续表

序号	操 作 步 骤	示 意 图
2	操纵工业机器人运动至安全点位，新建 Home3 点并选中，依次单击"编辑""修改位置"，完成 Home3 点的建立及示教。使用相同的方法，以数据类型 robtarget 新建并示教 Tool2G 和 Tool2P 点	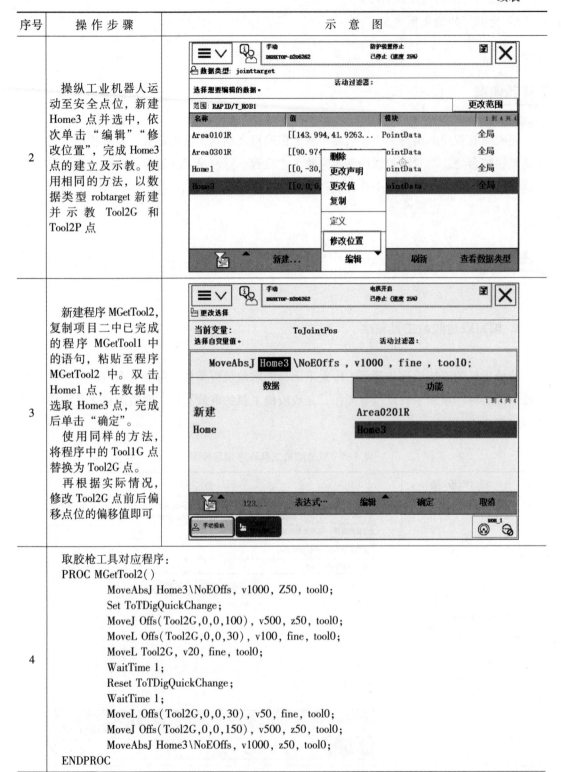
3	新建程序 MGetTool2，复制项目二已完成的程序 MGetTool1 中的语句，粘贴至程序 MGetTool2 中。双击 Home1 点，在数据中选取 Home3 点，完成后单击"确定"。 使用同样的方法，将程序中的 Tool1G 点替换为 Tool2G 点。 再根据实际情况，修改 Tool2G 点前后偏移点位的偏移值即可	
4	取胶枪工具对应程序： PROC MGetTool2( ) 　　　MoveAbsJ Home3\NoEOffs, v1000, Z50, tool0; 　　　Set ToTDigQuickChange; 　　　MoveJ Offs(Tool2G,0,0,100), v500, z50, tool0; 　　　MoveL Offs(Tool2G,0,0,30), v100, fine, tool0; 　　　MoveL Tool2G, v20, fine, tool0; 　　　WaitTime 1; 　　　Reset ToTDigQuickChange; 　　　WaitTime 1; 　　　MoveL Offs(Tool2G,0,0,30), v50, fine, tool0; 　　　MoveJ Offs(Tool2G,0,0,150), v500, z50, tool0; 　　　MoveAbsJ Home3\NoEOffs, v1000, z50, tool0; ENDPROC	

续表

序号	操作步骤	示意图
5	编写放胶枪工具程序 MPutTool2 参照取胶枪工具程序 MGetTool2 的步骤 1、2，新建并示教点 Tool2P	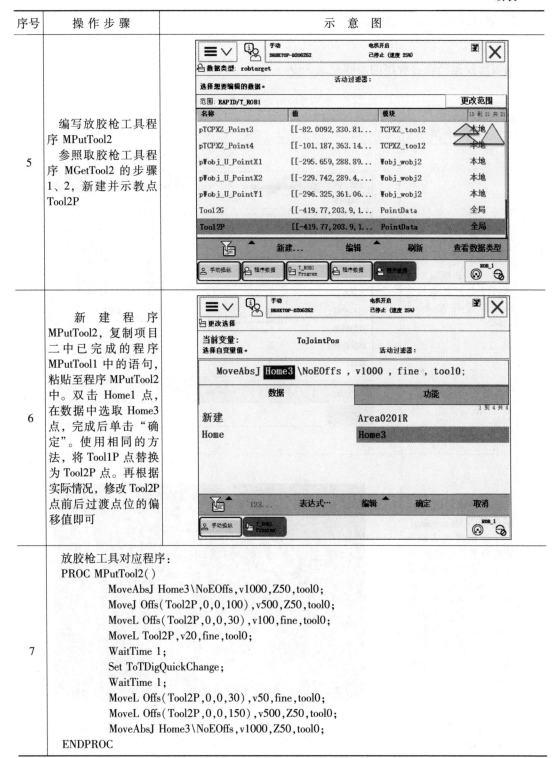
6	新建程序 MPutTool2，复制项目二中已完成的程序 MPutTool1 中的语句，粘贴至程序 MPutTool2 中。双击 Home1 点，在数据中选取 Home3 点，完成后单击"确定"。使用相同的方法，将 Tool1P 点替换为 Tool2P 点。再根据实际情况，修改 Tool2P 点前后过渡点位的偏移值即可	
7	放胶枪工具对应程序： PROC MPutTool2( ) 　　MoveAbsJ Home3\NoEOffs,v1000,Z50,tool0; 　　MoveJ Offs(Tool2P,0,0,100),v500,Z50,tool0; 　　MoveL Offs(Tool2P,0,0,30),v100,fine,tool0; 　　MoveL Tool2P,v20,fine,tool0; 　　WaitTime 1; 　　Set ToTDigQuickChange; 　　WaitTime 1; 　　MoveL Offs(Tool2P,0,0,30),v50,fine,tool0; 　　MoveL Offs(Tool2P,0,0,150),v500,Z50,tool0; 　　MoveAbsJ Home3\NoEOffs,v1000,Z50,tool0; ENDPROC	

2. 编写涂胶运动轨迹程序

编写涂胶运动轨迹程序的步骤见表 3-9。

表 3-9　编写涂胶运动轨迹程序的步骤

序号	操作步骤	示　意　图
1	在"手动操纵"界面，设定工具坐标为 tool2，工件坐标为 wobj2	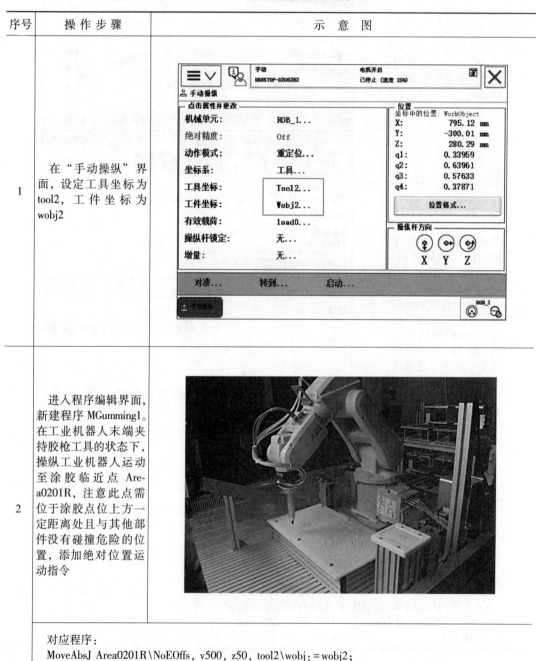
2	进入程序编辑界面，新建程序 MGumming1。在工业机器人末端夹持胶枪工具的状态下，操纵工业机器人运动至涂胶临近点 Area0201R，注意此点需位于涂胶点位上方一定距离处且与其他部件没有碰撞危险的位置，添加绝对位置运动指令	
	对应程序： MoveAbsJ Area0201R\NoEOffs, v500, z50, tool2\wobj: =wobj2;	

续表

序号	操作步骤	示 意 图
3	操纵工业机器人运动至 Area0201W 点，添加运动指令。使用位置偏移指令，添加运动至 Area0201W 点之前过渡点位	

对应程序：
MoveL Offs(Area0201W,0,0,30), v100, fine, tool2\WObj:=wobj2;
MoveL Area0201W, v50, fine, tool2\WObj:=wobj2;

| 4 | 手动操纵工业机器人依次到达 Area0202W、Area0203W、Area0204W、Area0205W、Area0206W、Area0207W、Area0208W 点位，记录对应点位置，并添加对应涂胶轨迹的运动指令 |  |

对应程序：
MoveL Area0201W, v50, fine, tool2\WObj:=wobj2;
　　　MoveL Area0202W,v100,fine,tool2\wobj:=wobj2;
　　　MoveC Area0203W, Area0204W, v100, z10, tool2\wobj:=wobj2;
　　　MoveL Area0205W,v100,fine,tool2\wobj:=wobj2;
　　　MoveC Area0206W, Area0207W, v100, z10, tool2\wobj:=wobj2;
　　　MoveL Area0208W, v100, fine, tool2\wobj:=wobj2;

续表

序号	操作步骤	示　意　图
5	使用位置偏移指令，添加运动至 Area0208W 点之后的过渡点位。 　最后添加运动至涂胶临近点 Area0201R 处的指令。	
	对应程序为： MoveL Offs(Area0208W,0,0,50), v50, fine, tool2\wobj:=wobj2; 　　MoveAbsJ Area0201R\NoEOffs, v500, z50, tool2\wobj:=wobj2;	
6	机器人沿轨迹涂胶程序： PROC MGumming1 ( ) 　　MoveAbsJ Area0201R\NoEOffs, v500, z50, tool2\wobj:=wobj2; 　　MoveL Offs(Area0201W,0,0,30), v100, fine, tool2\WObj:=wobj2; 　　MoveL Area0201W, v50, fine, tool2\WObj:=wobj2; 　　MoveL Area0202W,v100,fine,tool2\wobj:=wobj2; 　　MoveC Area0203W, Area0204W, v100, z10, tool2\wobj:=wobj2; 　　MoveL Area0205W,v100,fine,tool2\wobj:=wobj2; 　　MoveC Area0206W, Area0207W, v100, z10, tool2\wobj:=wobj2; 　　MoveL Area0208W, v100, fine, tool2\wobj:=wobj2; 　　MoveL Offs(Area0208W,0,0,50), v50, fine, tool2\wobj:=wobj2; 　　MoveAbsJ Area0201R\NoEOffs, v500, z50, tool2\wobj:=wobj2; ENDPROC	

3. 编写涂胶初始化程序

为了保证工业机器人程序开始运行时，所有状态都能满足最初始时的状态，需要编写涂胶工作站的初始化程序。涂胶工作站的初始化程序包括运行速度的初始化以及信号的初始化。涂胶初始化程序如下：

PROC Initialize( )！！ 初始化程序

MoveAbsJ Home3 \ NoEOffs, v1000, Z50, tool0；！！ 工业机器人运动至 Home3 安全点位

AccSet 50，100；！！ 工业机器人加速度限制在正常值的 50%

VelSet 70，800；！！ 将工业机器人运行速度控制为原来的 70%，最大运行速度设置为 800 mm/s

Set ToRDigQuickchange；！！ 置位快换装置，使其处于可以装夹胶枪工具状态

ENDPROC

4. 编写涂胶主程序

编写涂胶主程序见表 3-10。

表 3-10　编写涂胶主程序

操 作 步 骤	示　意　图
在主程序 main 中依次调用初始化程序及流程程序	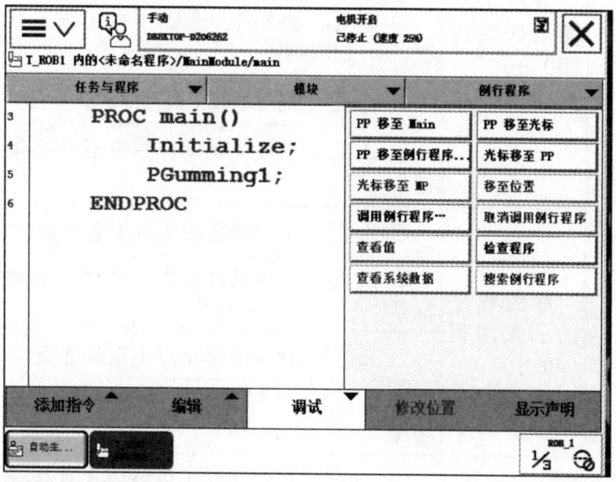

任务评价

任务评价见表 3-11。

表3-11 任务评价

评分类别	评分项目	评分内容	配分	学生自评 ○	小组互评 △	教师评价 □
职业素养（20分）	规范"7S"操作（8分）	○ △ □ 整理、整顿	2			
		○ △ □ 清理、清洁	2			
		○ △ □ 素养、节约	2			
		○ △ □ 安全	2			
	进行"三检"工作（6分）	○ △ □ 检查作业所需要的工具设备是否完备	2			
		○ △ □ 检查设备基本情况是否正常	2			
		○ △ □ 检查工作环境是否安全	2			
	做到"三不"操作（6分）	○ △ □ 操作过程工具不落地	2			
		○ △ □ 操作过程材料不浪费	2			
		○ △ □ 操作过程不脱安全帽	2			
职业技能（80分）	取放工具的示教编程（30分）	○ △ □ 操作示教器建立 Home3 绝对位置点，同时正确示教该位置，装载工具前手动置位快换装置信号，缩回快换钢珠	10			
		○ △ □ 会操作示教器手动示教工具放置点位置，不发生碰撞	5			
		○ △ □ 编写取放工具程序起止点都在 Home3 点	5			
		○ △ □ 抓放工具动作指令后面必须添加等待指令	10			
	涂胶程序的示教编程（40分）	○ △ □ 手动操作将工具安装到法兰盘末端	5			
		○ △ □ 正确选择涂胶板坐标系和涂胶工具坐标系	5			
		○ △ □ 程序的起止点不在临界点	10			
		○ △ □ 按照涂胶点轨迹进行示教，不发生碰撞	20			
	初始化程序编写（10分）	○ △ □ 初始化程序执行后工业机器人回到工作原点	5			
		○ △ □ 初始化程序执行对工业机器人限最大速度为 800 mm/s，工业机器人运行速度为正常值的70%，加速度为正常值的50%	5			
合计			100			

注：依据得分条件进行评分，按要求完成在记录符号上（学生○、小组△、教师□）打√，未按要求完成在记录符号上（学生○、小组△、教师□）打×，并扣除对应分数。

任务5 调试涂胶工作站程序

任务目标

1）能调试各子程序。
2）能调试涂胶流程程序。
3）能调试涂胶主程序。

任务内容

本任务完成涂胶程序的调试。先单独调试工业机器人取胶枪工具程序、涂胶程序和放回胶枪程序，然后调试涂胶流程程序 PGumming1，最后调试涂胶主程序。

任务实施

1. 调试取放胶枪工具程序

调试取放胶枪工具程序的步骤见表 3-12。

表 3-12 调试取放胶枪工具程序的步骤

序号	操 作 步 骤	程序示意图及注释
1	将程序指针移至取胶枪工具程序"MGetTool2"，按下示教器上的使能键，单步运行该例行程序进行调试	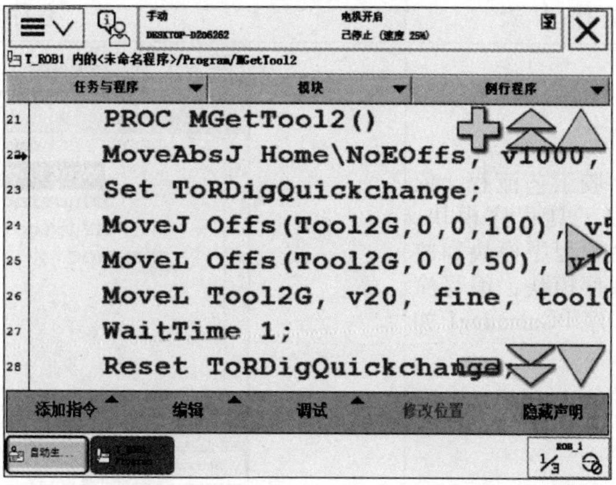

续表

序号	操 作 步 骤	程序示意图及注释
2	将程序指针移至涂胶程序"MGumming1",按下示教器上的使能键,单步运行该例行程序进行调试	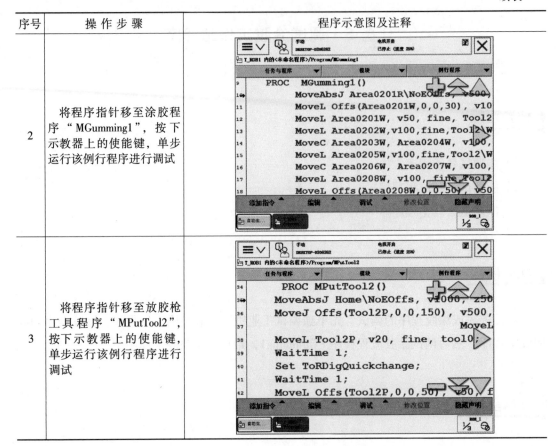
3	将程序指针移至放胶枪工具程序"MPutTool2",按下示教器上的使能键,单步运行该例行程序进行调试	

2. 调试涂胶流程程序

调试涂胶流程程序见表 3-13。

表 3-13 调试涂胶流程程序的步骤

操 作 步 骤	程序示意图及注释
按照涂胶工艺流程,依次调用取工具程序模块、沿轨迹涂胶程序模块和放回工具程序模块,编写涂胶流程程序 PGumming1 如图所示	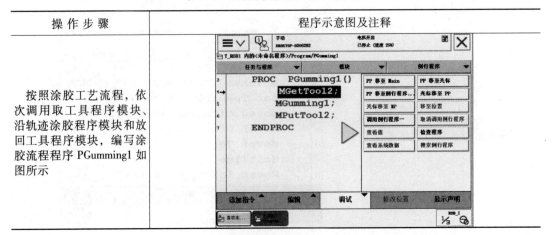

3. 调试涂胶主程序

调试涂胶主程序的步骤见表 3-14。

表 3-14 调试涂胶主程序的步骤

操 作 步 骤	程序示意图及注释
手动慢速运行主程序，观察是否按照预期实现涂胶工艺流程，如有碰撞，需立即松开使能键或按下急停按钮，解除故障后，需重新对故障点位进行示教，重新调试对应程序	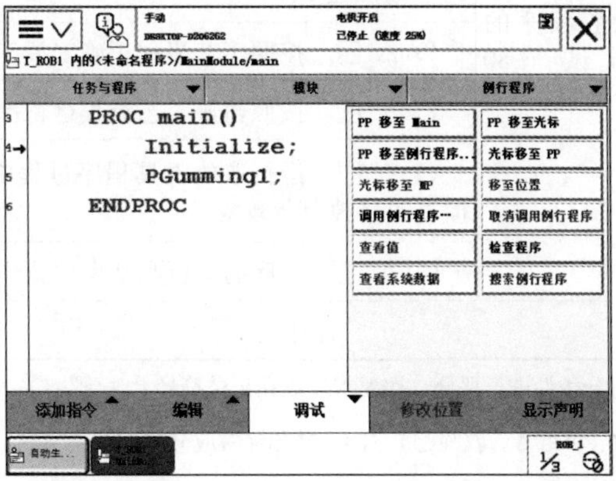

任务评价

任务评价见表 3-15。

表 3-15 任 务 评 价

评分类别	评分项目	评分内容	配分	学生自评 ○	小组互评 △	教师评价 □
职业素养（20分）	规范"7S"操作（8分）	○ △ □ 整理、整顿	2			
		○ △ □ 清理、清洁	2			
		○ △ □ 素养、节约	2			
		○ △ □ 安全	2			
	进行"三检"工作（6分）	○ △ □ 检查作业所需要的工具设备是否完备	2			
		○ △ □ 检查设备基本情况是否正常	2			
		○ △ □ 检查工作环境是否安全	2			
	做到"二不"操作（6分）	○ △ □ 操作过程工具不落地	2			
		○ △ □ 操作过程材料不浪费	2			
		○ △ □ 操作过程不脱安全帽	2			

续表

评分类别	评分项目	评分内容	配分	学生自评 ○	小组互评 △	教师评价 □
职业技能（80分）	涂胶程序的调试（80分）	○ △ □ 会操作示教器将程序指针正确地跳转到涂胶程序	10			
		○ △ □ 会操作示教器将工业机器人运行速度调节到低速	10			
		○ △ □ 按照工艺流程正确安放工具到工具架	10			
		○ △ □ 按照轨迹工艺流程运行涂胶程序	20			
		○ △ □ 运行取放工具程序过程中，不发生碰撞、工具掉落等现象	20			
		○ △ □ 程序的运行和结束位置为 Home3	10			
合计			100			

注：依据得分条件进行评分，按要求完成在记录符号上（学生○、小组△、教师□）打√，未按要求完成在记录符号上（学生○、小组△、教师□）打×，并扣除对应分数。

拓展任务 涂胶工作站的人机交互控制

任务目标

1）会设计涂胶工作站 HMI 流程选择界面。
2）会关联涂胶工作站 HMI 变量与 PLC 变量。

任务内容

在原涂胶程序基础上加入涂胶轨迹选择及运行模式选择的功能，并设计符合功能要求的 HMI 界面。每段涂胶轨迹的运行模式有两种，即低速模式和高速模式，运行模式在 HMI 界面上可分别选择。完成运行模式的选择后，按下 HMI 界面的启动按钮启动流程，工业机器人取胶枪工具，然后按照在 HMI 界面上设定好的运行模式对五段轨迹涂胶，完成后放回胶枪工具。图 3-9 所示为涂胶五段轨迹。

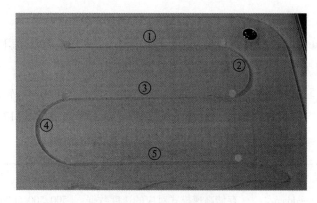

图 3-9　涂胶五段轨迹

任务实施

1. 规划拓展任务程序结构

（1）沿用已有程序

工业机器人取工具程序（MGetTool2）、工业机器人放回工具程序（MPutTool2）可直接调用任务 5 中完成调试的程序，点位及坐标系引用任务 2 中的内容。

（2）新增变量、信号

为实现 HMI 与 PLC，PLC 与机器人之间的通信，将引入表 3-16 所列的工业机器人输入输出信号。

表 3-16　工业机器人输入输出信号

信号	硬件设备	端口号	名　称	功 能 描 述	对应设备	对应 PLC 信号端口
工业机器人输出信号	工业机器人 DSQC 652 I/O 板（XS14）	0	ToPGroRequest	工业机器人发送给 PLC 请求输出对应轨迹运行模式的组信号，取值范围为 0~7	PLC	I3.0
		1				I3.1
		2				I3.2
工业机器人输入信号	工业机器人 DSQC652 I/O 板（XS12）	0	FrPGrosdqr	接收 PLC 发送给工业机器人的轨迹运行模式信号，值为 1 时表示选择的是高速运行模式，值为 2 时表示选择的是低速运行模式	PLC	Q12.0
		1				Q12.1
		2				Q12.2

程序 "SetGO ToPGroRequest,1"，即将 ToPGroRequest 设置为 1，表示工业机器人请求 PLC 输出第一段轨迹的速度模式，以此类推，要实现 5 段轨迹程序运行速度模式的选择，

将 ToPGroRequest 分别设置为 1~5 可分别设置 5 段轨迹的速度模式。

将 ToPGroRequest 设置为 6 时表示，工业机器人告知 PLC 涂胶流程已全部完成。将 ToPGroRequest 设置为 0 时表示，5 段轨迹的速度模式均未选择。

本任务将实现 5 段轨迹运行模式的选择，两种运行模式对应的具体速度值以及每段轨迹的运行模式选择结果都需要储存在对应的变量中，新增变量见表 3-17。

表 3-17　新 增 变 量

名　　称	变 量 类 型	功 能 描 述
speedH	speeddata	存储高速模式对应的速度数据：［500,500,5000,1000］
speedL	speeddata	存储低速模式对应的速度数据：［100,500,5000,1000］
NumAcquire1	num	用于存储第一段轨迹运行模式，值为 1 时表示选择的是高速运行模式，值为 2 时表示选择的是低速运行模式，值为 0 时表示还没选择运行模式
NumAcquire2	num	用于存储第二段轨迹运行模式，值为 1 时表示选择的是高速运行模式，值为 2 时表示选择的是低速运行模式，值为 0 时表示还没选择运行模式
NumAcquire3	num	用于存储第三段轨迹运行模式，值为 1 时表示选择的是高速运行模式，值为 2 时表示选择的是低速运行模式，值为 0 时表示还没选择运行模式
NumAcquire4	num	用于存储第四段轨迹运行模式，值为 1 时表示选择的是高速运行模式，值为 2 时表示选择的是低速运行模式，值为 0 时表示还没选择运行模式
NumAcquire5	num	用于存储第五段轨迹运行模式，值为 1 时表示选择的是高速运行模式，值为 2 时表示选择的是低速运行模式，值为 0 时表示还没选择运行模式

（3）工业机器人主程序结构规划

本任务主要实现的是 5 段轨迹速度模式的选择，涂胶工艺流程与任务 2~任务 5 中的流程相同。主程序结构如下所示，每个程序模块的功能见注释。

```
MODULE MainModule
    PROC main()
        Initialize; !! 初始化程序
        CRequest; !! 工业机器人和 PLC 的数据传输程序
        IF NumAcquire1>0 AND NumAcquire2>0 AND NumAcquire3>0 AND NumAcquire4>0 AND NumAcquire5>0   THEN !! 5 段轨迹速度均被选择后继续运行程序
        PGumming2; !! 涂胶流程程序
         ENDIF
    ENDPROC
```

其中，初始化程序除了保持已有的任务 4 中程序的功能，还需要将信号 ToPGroRequest 值初始化为 0。CRequest 程序是工业机器人和 PLC 的通信程序。使用逻辑判断指令 IF，判断工业机器人是否已经接收并将 5 段轨迹的运行模式值存储在对应变量中，如果已经完成则执行下一步。MGumming1 程序需在任务 4 中程序的基础上改写，实现工业机器人根据选择的涂胶速度模式，完成涂胶。程序改写和新程序编写相关内容详见下文。

（4）规划 PLC 程序结构

根据工艺流程要求，PLC 程序规划为初始化程序、涂胶速度模式选择程序和安全防护程序，如图 3-10 所示。初始化程序主要用于紧急停止、蜂鸣器信号，以及存储速度模式中间变量的复位，涂胶速度模式选择程序主要用于涂胶工艺中每段轨迹速度模式的选择。

图 3-10　PLC 程序规划

2. 设计 HMI 流程选择界面

HMI 界面上的元件地址见表 3-18。HMI 界面设计步骤见表 3-19。

表 3-18　HMI 界面上的元件地址

元　件	地址	功　能　描　述
项目选单	VB10	第一段轨迹的速度模式。值为 1 时，表示 HMI 界面上已经选择高速模式；值为 2 时表示 HMI 界面上已经选择低速模式
项目选单	VB11	第二段轨迹的速度模式。值为 1 时，表示 HMI 界面上已经选择高速模式；值为 2 时表示 HMI 界面上已经选择低速模式
项目选单	VB12	第三段轨迹的速度模式。值为 1 时，表示 HMI 界面上已经选择高速模式；值为 2 时表示 HMI 界面上已经选择低速模式
项目选单	VB13	第四段轨迹的速度模式。值为 1 时，表示 HMI 界面上已经选择高速模式；值为 2 时表示 HMI 界面上已经选择低速模式
项目选单	VB14	第五段轨迹的速度模式。值为 1 时，表示 HMI 界面上已经选择高速模式；值为 2 时表示 HMI 界面上已经选择低速模式
位状态切换开关	M0.1	值为 1 时，表示确认垛型选择并启动涂胶流程

表 3-19 HMI 界面设计步骤

序号	操作步骤	示 意 图
1	参照项目二拓展任务中 HMI 界面的设计步骤，新建涂胶 HMI 界面的工程文件，设置设备参数，添加"涂胶模式选择界面"	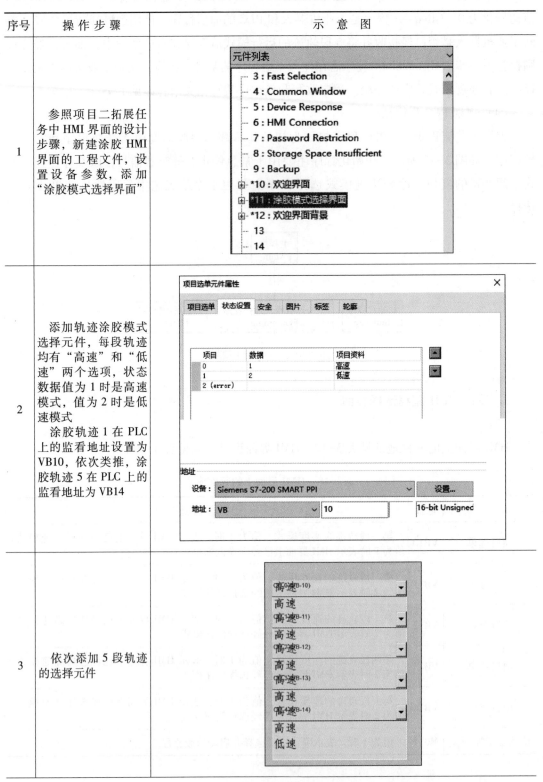
2	添加轨迹涂胶模式选择元件，每段轨迹均有"高速"和"低速"两个选项，状态数据值为 1 时是高速模式，值为 2 时是低速模式 涂胶轨迹 1 在 PLC 上的监看地址设置为 VB10，依次类推，涂胶轨迹 5 在 PLC 上的监看地址为 VB14	
3	依次添加 5 段轨迹的选择元件	

续表

序号	操作步骤	示意图
4	参照项目二拓展任务中的流程，添加启动按钮，按钮操作类型为复归型，设定在PLC上读取/写入地址为"M0.1"	 启动按钮
5	添加图示界面文字批注	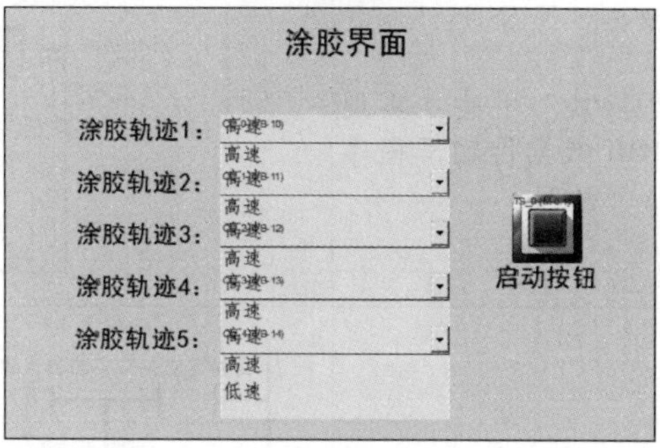 涂胶界面

3. 关联 PLC 变量与 HMI 变量

速度模式信号的传输占用 PLC 的 Q12 输出端口，紧急停止按钮占用 PLC 的 Q12.5 端口，为防止发生冲突，此处引入中间变量 VB20，先将 HMI 界面处获得的速度模式数据传输给中间变量 VB20，再将中间变量 VB20 中的数据通过端口 Q12.0、Q12.1 和 Q12.2 输出。关联 PLC 变量与 HMI 变量的步骤见表 3-20。

表 3-20 关联 PLC 变量与 HMI 变量的步骤

序号	操作步骤	程序示意图及注释
1	在程序块 main 中，添加动合触点 M0.1，串联动断触点 M0.3、动合触点 M0.0 和线圈 M0.2。动合触点 M0.1 对应的 HMI 界面按钮为复归型，按下按钮后接通，松开按钮时自动弹起恢复断开状态，故在动合触点 M0.1 处并联动合触点 M0.2，实现自锁功能	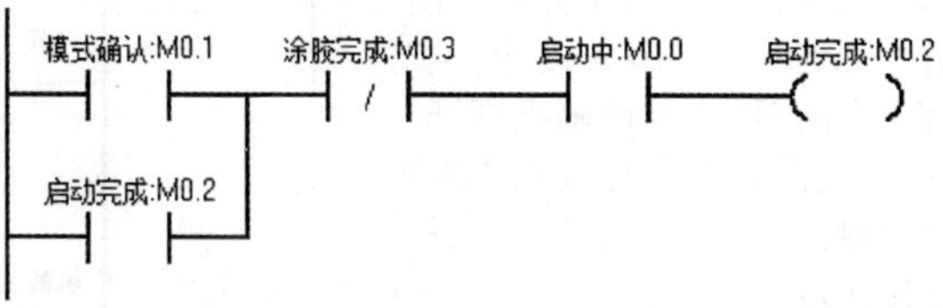 程序注释：在 HMI 界面完成轨迹运行模式选择后，按下 HMI 界面上的启动按钮，动合触点 M0.1 瞬间闭合，动合触点 M0.0 闭合，线圈 M0.2 通电，动合触点 M0.2 闭合，启动整个涂胶程序，工业机器人程序开始运行
2	在"程序块"下新建初始化程序 Initialize（SBR0）	

序号	操 作 步 骤	程序示意图及注释
3	在初始化程序中，按照图示依次添加系统状态位 SM0.1 和 MOV 指令，复位中间变量 VB20	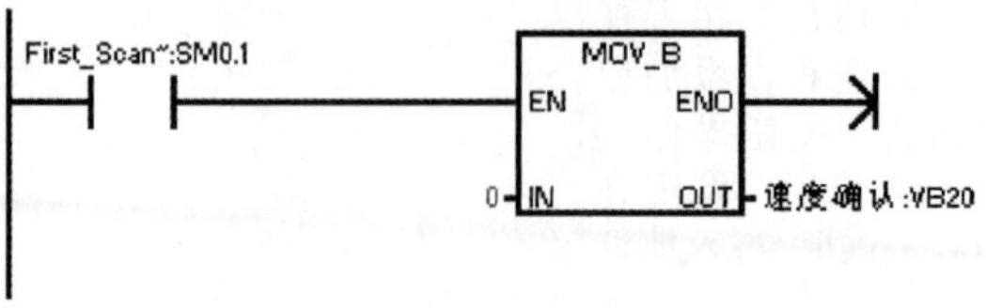
4	在"程序块"下建立实现 PLC 与 HMI 数据传输子程序 FGumming(SBR2)	
5	HMI 信号与 PLC 信号的关联如图所示。当 PLC 接收到工业机器人端输出的组信号 ToP-GroRequest = 1 时，对应的动合触点 ┤├ 闭合，HMI 界面处设定的轨迹 1 的运行模式数据，即 PLC 中 VB10 存储的值输出给中间变量 VB20 当工业机器人端输出组信号 ToPGroRequest = 6 时，即告知 PLC 工业机器人涂胶程序已经运行结束，对应的动合触点闭合，同时线圈 M0.3 接通，步骤 1 中的 M0.3 动断触点断开，M0.2 线圈断电，对应的 M0.2 动合触点断开，工业机器人程序停止运行 最后，当工业机器人端输出组信号 ToPGroRequest = 0 时，将复位中间变量 VB20	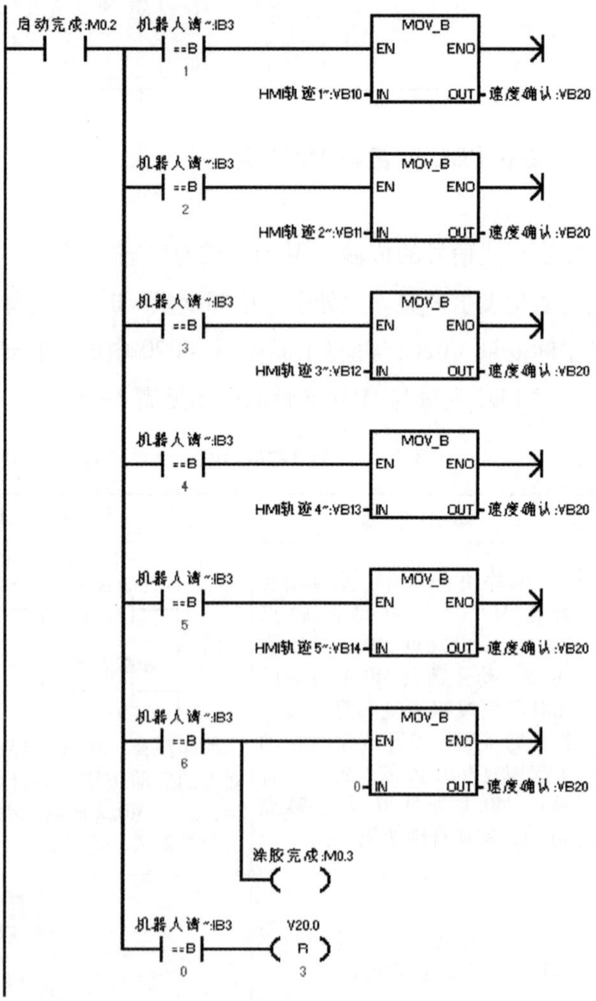

续表

序号	操 作 步 骤	程序示意图及注释
6	按照图示关联中间变量与输出端口 Q12.0、Q12.1 和 Q12.2 将中间变量 V20.0 中的数据通过 Q12.0 输出，V20.1 中的数据通过 Q12.1 输出，V20.2 中的数据通过 Q12.2 输出	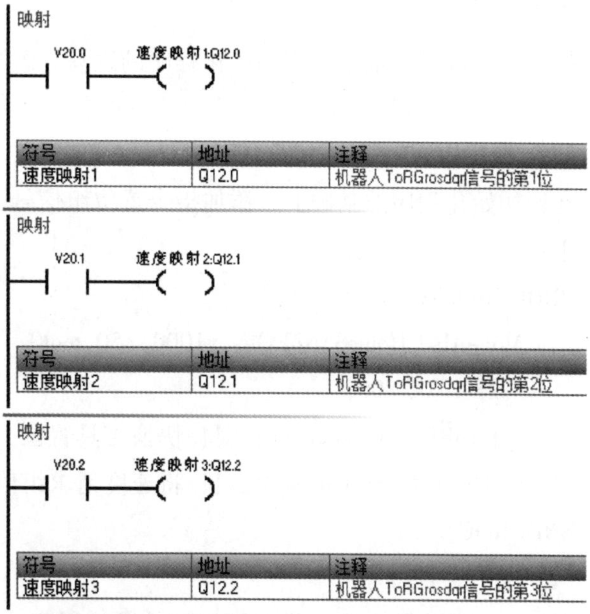 映射 　V20.0　　速度映射1:Q12.0 　─┤├──────( ) 符号　　　地址　　　注释 速度映射1　Q12.0　　机器人ToRGrosdqr信号的第1位 映射 　V20.1　　速度映射2:Q12.1 　─┤├──────( ) 符号　　　地址　　　注释 速度映射2　Q12.1　　机器人ToRGrosdqr信号的第2位 映射 　V20.2　　速度映射3:Q12.2 　─┤├──────( ) 符号　　　地址　　　注释 速度映射3　Q12.2　　机器人ToRGrosdqr信号的第3位
7	在主程序中依次调用初始化程序、安全防护程序和功能程序	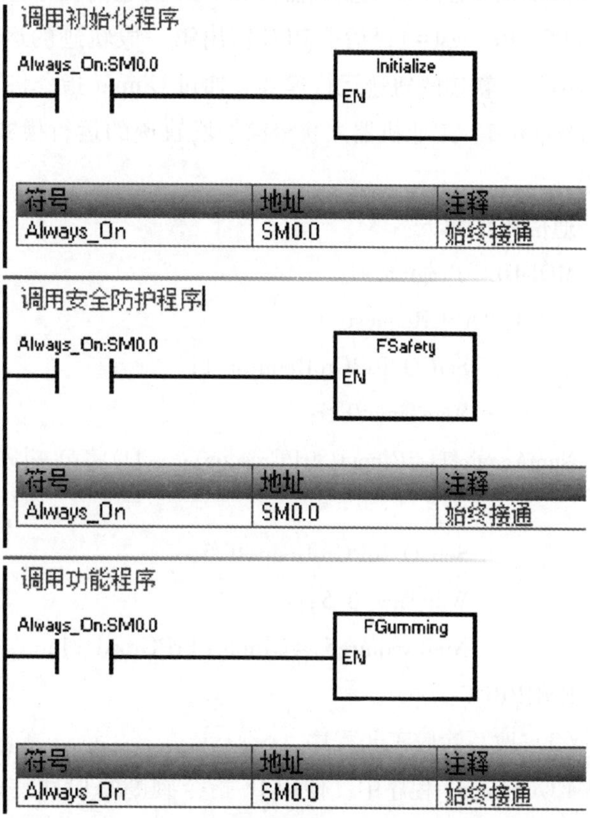 调用初始化程序 Always_On:SM0.0　　　┌─Initialize─┐ 　─┤├──────────┤EN　　　│ 　　　　　　　　　　└───────┘ 符号　　　地址　　　注释 Always_On　SM0.0　　始终接通 调用安全防护程序 Always_On:SM0.0　　　┌─FSafety─┐ 　─┤├──────────┤EN　　　│ 　　　　　　　　　　└───────┘ 符号　　　地址　　　注释 Always_On　SM0.0　　始终接通 调用功能程序 Always_On:SM0.0　　　┌─FGumming─┐ 　─┤├──────────┤EN　　　│ 　　　　　　　　　　└───────┘ 符号　　　地址　　　注释 Always_On　SM0.0　　始终接通

4. 编写工业机器人程序

按照程序规划，依次完成初始化程序的改写，编写工业机器人与 PLC 的通信程序，改写工业机器人涂胶程序。

（1）改写初始化程序

在原初始化程序的基础上，添加指令置位组信号 ToPGroRequest，其值为 0，初始化程序如下：

PROC Initialize( )

　　　MoveAbsJ Home3\NoEOffs，v1000，Z50，tool0；

　　　VelSet 70，800；

　　　Set ToRDigQuickchange；　!! 快换工具置位

　　　SetGO ToPGroRequest，0；　!! 将速度请求组信号置位为"0"

ENDPROC

（2）编写通信程序

CRequest 程序是工业机器人和 PLC 的通信程序，在此程序中添加 SetGO 指令输出组信号 ToPGroRequest＝1，请求 PLC 输出第一段轨迹的运行模式。添加 Wait 指令，等待 PLC 输出第一段轨迹的轨迹运行模式。通过 Ginput 指令将输入信号 FrPGrosdqr 的值赋值给变量 NumAcquire1，工业机器人获得第一段轨迹的运行模式，其他轨迹的编程方法参照第一段轨迹。

通信程序如下：

MODULE Program

　　PROC CRequest( )

　　　　SetGO ToPGroRequest，1；

　　　　WaitTime 0.5；

　　NumAcquire1：＝GInput（FrPGrosdqr）；　!! 将第一段轨迹速度模式记录到获取速度变量 1 中

　　　　　　……

　　　　SetGO ToPGroRequest，5；

　　　　WaitTime 0.5；

　　　　NumAcquire5：＝GInput（FrPGrosdqr）；

ENDPROC

（3）改写涂胶工艺程序

MGumming1 程序中，使用 IF 指令判断每段轨迹的运行模式，如果 NumAcquire1＝1，则按照高速模式运行第一段轨迹，如果 NumAcquire1＝2，则按照低速模式运行第一段轨迹。程序如下：

　　IF　NumAcquire1＝1 THEN　　!! 当获取速度变量为 1 时执行高速模式

　　　　　MoveL Area0202W，speedH，fine，Tool2\WObj：＝Wobj2；

　　ELSE

　　IF NumAcquire1＝2THEN　　!! 当获取速度变量为 2 时执行低速模式

　　　　　MoveL Area0202W，speedL，fine，Tool2\WObj：＝Wobj2；

　　　　　ENDIF

　　其他轨迹的编程方式与第一段相同，完成最后一段轨迹涂胶后，添加"SetGO ToP-GroRequest，6；"告知 PLC 工业机器人已经完成涂胶程序，等待 0.5 s，程序结束。涂胶工艺程序如下：

　　IF　NumAcquire1＝1 THEN

　　　　　MoveL Area0202W，speedH，fine，Tool2\WObj：＝Wobj2；

　　ELSE IF NumAcquire1＝2THEN

　　　　　MoveL Area0202W，speedL，fine，Tool2\WObj：＝Wobj2；

　　　　　ENDIF

　　……

　　　　　IF NumAcquire5＝1 THEN

　　　　　MoveL Area0208W，speedH，fine，Tool2\WObj：＝Wobj2；

　　　　　ELSEIF NumAcquire5＝2 THEN

　　　　　MoveL Area0208W，speedL，fine，Tool2\WObj：＝Wobj2；

　　　　　ENDIF

　　　　　MoveL Offs(Area0208W,0,0,50)，v50，fine，Tool2\WObj：＝Wobj2；

　　　　　MoveAbsJ Area0201R\NoEOffs，v500，z50，Tool2\WObj：＝Wobj2；

　　SetGOToPGroRequest，6；　　!! 机器人告知 PLC 涂胶完成

　　　　　WaitTime 0.5；

　　　　ENDPROC

（4）改写涂胶流程程序

　　在 PGumming1 流程程序基础上，删除调用 MGumming1 程序的语句，新增调用 MGumming2 程序语句。程序如下：

　　PROC PGumming2()

　　　　MGetTool2；　!! 调用取胶枪工具程序

　　　　MGumming2；　!! 调用速度可选的涂胶流程程序

　　　　MPutTool2；　!! 调用放胶枪工具程序

　　ENDPROC

任务评价

任务评价见表3-21。

表 3-21 任 务 评 价

评分类别	评分项目	评分内容	配分	学生自评 ○	小组互评 △	教师评价 □
职业素养（20分）	规范"7S"操作（8分）	○ △ □ 整理、整顿	2			
		○ △ □ 清理、清洁	2			
		○ △ □ 素养、节约	2			
		○ △ □ 安全	2			
	进行"三检"工作（6分）	○ △ □ 检查作业所需要的工具设备是否完备	2			
		○ △ □ 检查设备基本情况是否正常	2			
		○ △ □ 检查工作环境是否安全	2			
	做到"三不"操作（6分）	○ △ □ 操作过程工具不落地	2			
		○ △ □ 操作过程材料不浪费	2			
		○ △ □ 操作过程不脱安全帽	2			
职业技能（80分）	涂胶的人机交互控制（80分）	○ △ □ 正确规划、整理并列出可以直接沿用的程序	10			
		○ △ □ 正确规划并列出工业机器人所需新增变量和输入输出信号	20			
		○ △ □ 正确规划工业机器人主程序结构，包含与PLC的通信程序	10			
		○ △ □ 根据控制流程的要求完成HMI界面的设计，界面整齐、美观	10			
		○ △ □ 主程序中能判断是否接收到轨迹速度模式信号	10			
		○ △ □ 涂胶速度需与HMI界面上选择的一致	10			
		○ △ □ HMI界面控件使用正确	10			
合计			100			

注：依据得分条件进行评分，按要求完成在记录符号上（学生○、小组△、教师□）打√，未按要求完成在记录符号上（学生○、小组△、教师□）打×，并扣除对应分数。

知 识 链 接

工具坐标系与工件坐标系

工业机器人的目标和位置通过坐标系来定位。工业机器人使用若干坐标系，每一坐标系都适用于特定类型的微动控制或编程。

1. 工具坐标系

工具坐标系用于定义工业机器人到达预设目标时所使用工具的位置。工具坐标系将工具中心点（TCP）设为零位，它会由此定义工具的位置和方向。工具坐标系经常被缩写为 TCPF（Tool Center Point Frame），而工具坐标系中心缩写为 TCP（Tool Center Point）。工具坐标系由 TCP 与坐标轴方位构成，运动时 TCP 会严格按程序指定路径和速度运动。图 3-11 所示为工具坐标系示意图。

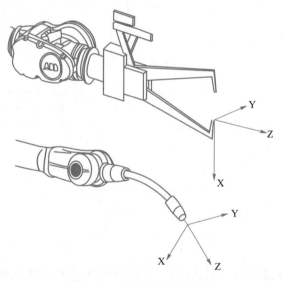

图 3-11 工具坐标系示意图

执行程序时，工业机器人将 TCP 移至编程位置。这意味着，如果要更改工具（以及工具坐标系），工业机器人的移动将随之更改，以便新的 TCP 到达目标。微动控制工业机器人时，如果不想在移动时改变工具方向（例如移动锯条时不使其弯曲），工具坐标系就显得非常有用。

所有工业机器人的手腕处都有一个预定义的工具坐标系，默认工具 tool0 中心点位于 6 轴中心。这样就能将一个或多个新工具坐标系定义为 tool0 的偏移值。

工业机器人联动运行时，TCP 是必需定义的。程序中支持多个工具，可根据当前工作状态进行变换，如焊接程序可以定义多个工具对应不同的干伸长度（焊丝伸出长度）。工具被更换之后，重新定义工具坐标系即可直接运行程序。

2. 工件坐标系

工件坐标系与工件相关，通常是最适于对工业机器人进行编程的坐标系。

工件坐标系定义了工件相对于大地坐标系（或其他坐标系）的位置，由工件原点与坐标轴方位构成。工件坐标系必须定义于两个框架：用户框架（与大地坐标系相关）和工件框架（与用户框架相关）。使用了工件坐标系的指令中，坐标数据是相对工件坐标系的位置，一旦工件坐标系移动，相关轨迹点相对大地同步移动。图 3-12 所示为工件坐标系与大地坐标系的关系。

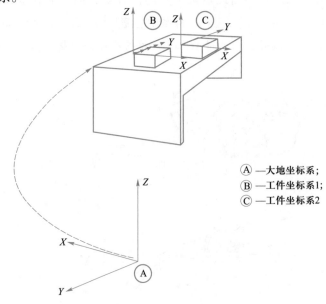

Ⓐ —大地坐标系；
Ⓑ —工件坐标系1；
Ⓒ —工件坐标系2

图 3-12　工件坐标系与大地坐标系的关系

工业机器人可以拥有若干工件坐标系，以表示不同工件，或者表示同一工件在不同位置的若干副本。程序中支持多个工件，可根据当前工作状态进行变换。通过重新定义工件，可使一个程序适合多台工业机器人。如果系统中含有外部轴或多台工业机器人，必须定义工件坐标系。如果工作点的位置数据是手动输入的，可以方便地从图样上确定数值。

对工业机器人进行编程就是在工件坐标系中创建目标和路径，这带来的优点如下：

（1）重新定位工作站中的工件时，只需更改工件坐标系的位置，所有路径将即刻随之更新。

（2）允许操作以外轴或传送导轨移动的工件，因为整个工件可连同其路径一起移动。

项目四
工业机器人仓储工作站的应用实训

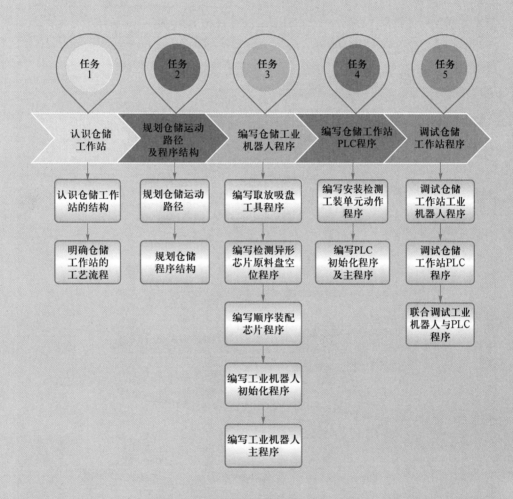

任务1　认识仓储工作站
- 认识仓储工作站的结构
- 明确仓储工作站的工艺流程

任务2　规划仓储运动路径及程序结构
- 规划仓储运动路径
- 规划仓储程序结构

任务3　编写仓储工业机器人程序
- 编写取放吸盘工具程序
- 编写检测异形芯片原料盘空位程序
- 编写顺序装配芯片程序
- 编写工业机器人初始化程序
- 编写工业机器人主程序

任务4　编写仓储工作站PLC程序
- 编写安装检测工装单元动作程序
- 编写PLC初始化程序及主程序

任务5　调试仓储工作站程序
- 调试仓储工作站工业机器人程序
- 调试仓储工作站PLC程序
- 联合调试工业机器人与PLC程序

引言

　　在电子产品安装、医药、食品、物流等领域广泛地采用工业机器人来完成仓储工作，可大幅提高生产效率、降低人工成本。

　　本仓储工作站主要完成 PCB（印制电路板）芯片的存储、装配和模拟检测，应实现以下功能：利用工业机器人从异形芯片原料盘吸取芯片，将芯片安装到安装检测工装单元的 PCB 上，完成产品的装配并模拟产品检测流程。

　　在拓展任务中，设计编写 HMI 程序实现选择电路板的功能，可选择将异形芯片装入不同的 PCB，完成 PCB 芯片的存储、装配和模拟检测工艺流程。

学习目标

1）认识仓储工作站的结构，明确仓储工作站的工艺流程。

2）能合理规划仓储运动路径和程序结构。

3）会编写仓储工业机器人程序。

4）会编写仓储 PLC 程序。

5）会联合调试仓储工业机器人程序及 PLC 程序。

6）能根据仓储工作站的人机交互控制要求，设计 HMI 界面、编写 PLC 程序及工业机器人程序。

任务 1 认识仓储工作站

任务目标

1）认识仓储工作站的结构。
2）明确仓储工作站的工艺流程。

任务内容

认识仓储工作站的结构及工艺流程。

任务实施

1. 认识仓储工作站的结构

仓储工作站利用工业机器人从异形芯片原料盘吸取芯片，将芯片安装到安装检测工装单元的 PCB 上，完成产品的装配并模拟产品检测。仓储工作站的整体结构如图 4-1 所示，

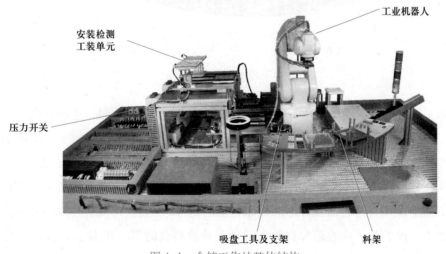

图 4-1 仓储工作站整体结构

由工业机器人、吸盘工具及支架（图 4-2）、压力开关（图 4-3）、料架、安装检测工装单元 5 部分组成。

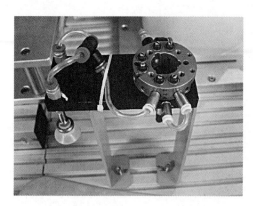

图 4-2   吸盘工具及支架

图 4-3   压力开关

（1）料架

料架由异形芯片原料盘、盖板原料盘、成品区、异形芯片回收料盘组成，如图 4-4 所示。盖板原料盘用于存放 PCB 的盖板，成品区用于存放安装完盖板的 PCB。

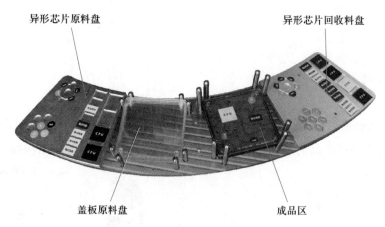

图 4-4   料架

仓储工作站可以实现对四种不同电子元件的存储、安装及检测，这四种电子元件分别是 CPU 芯片、集成芯片、三极管芯片和电容芯片（本书所述芯片均为实训所需器件，可用塑料片代替，不指代实际电子元件，名称与实际电子元件无关），它们的形状各不相同，依次存放在异形芯片原料盘相应的位置。如图 4-5 所示，CPU 芯片存放在异形芯片原料盘的 1~4 位置，集成芯片存放在异形芯片原料盘的 5~12 位置，三极管芯片存放在异形芯片原料盘的 13~19 位置，电容芯片存放在异形芯片原料盘的 20~26 位置；异形芯片回收料盘也有对应的 26 个位置，用于存放剔除的不合格的芯片产品。

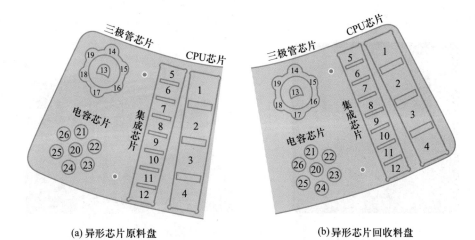

(a) 异形芯片原料盘　　　　　　(b) 异形芯片回收料盘

图 4-5　异形芯片原料盘及异形芯片回收料盘

（2）安装检测工装单元

安装检测工装单元由 PLC 控制，它由四对安装检测工位组成，每对工位包括安装工位、检测工位、检测指示灯、检测结果指示灯（红灯和绿灯）、推动气缸、升降气缸，如图 4-6 所示。其中，推动气缸和升降气缸都带有限位传感器。

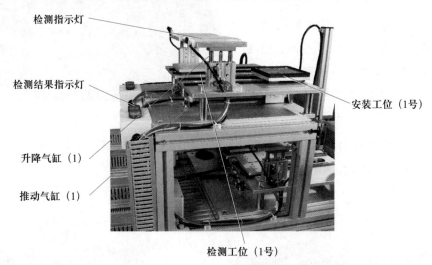

图 4-6　安装检测工装单元

安装检测工装单元可以实现对 PCB 的安装和检测，本项目只用到了安装检测工装单元的 1 号安装工位及检测工位。

2. 明确仓储工作站的工艺流程

（1）放置 PCB 及芯片

人工将未安装任何芯片的 A04 号 PCB（图 4-7）放置到安装检测工装单元 1 号安装工

位（图 4-8）上。

图 4-7　A04 号 PCB

图 4-8　1 号安装工位

将 4 种芯片放置在异形芯片原料盘对应区域，留有随机空位。此为启动工艺流程前工作站的初始状态，如图 4-9 所示。

（2）第一次检测 PCB

通过操作面板上的启动按钮启动整个工艺流程。首先执行第一次检测，检测动作是：空 PCB 被推入检测工位，检测指示灯降下，并以 1 s 为周期闪烁 3 s，表示正在检测，如图 4-10 所示；3 s 后，检

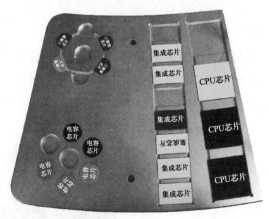

图 4-9　初始状态

测指示灯上升，PCB 推出，如图 4-11 所示，由于芯片未被正确安装在电路板上，检测结果指示灯红灯亮 3 s，表示检测结果为不合格。

图 4-10　正在检测

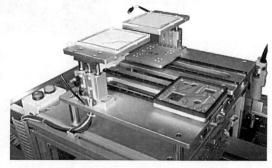

图 4-11　PCB 推出

（3）检测异形芯片原料盘空位

工业机器人通过吸盘工具按照异形芯片原料盘中的芯片号顺序，依次检测出异形芯片

原料盘的有料位置，如图4-12所示，并记录。

（4）安装芯片

按照芯片号顺序依次将4种芯片装入1号安装工位上的A04号PCB中，最终保证PCB中装满4种不同类型的芯片，安装完成状态如图4-13所示。

图4-12 检测有料位置   图4-13 A04号PCB安装完成状态

（5）第二次检测PCB

将安装完成的PCB再次推入检测工位进行检测，检测指示灯降下，以1s为周期闪烁3s，3s后，检测指示灯升起，PCB推出，同时检测结果指示灯绿灯亮3s，表示检测结果合格，图4-14所示为推出安装完成的PCB。

图4-14 推出安装完成的PCB

任务评价

任务评价见表4-1。

表 4-1　任 务 评 价

评分类别	评分项目	评分内容		配分	学生自评 ○	小组互评 △	教师评价 □
职业素养（20分）	规范"7S"操作（8分）	○ △ □	整理、整顿	2			
		○ △ □	清理、清洁	2			
		○ △ □	素养、节约	2			
		○ △ □	安全	2			
	进行"三检"工作（6分）	○ △ □	检查作业所需要的工具和设备是否完备	2			
		○ △ □	检查设备是否正常	2			
		○ △ □	检查工作环境是否安全	2			
	做到"三不"操作（6分）	○ △ □	操作过程工具不落地	2			
		○ △ □	操作过程不浪费材料	2			
		○ △ □	操作过程不脱安全帽	2			
职业技能（80分）	仓储工作站的组成（30分）	○ △ □	正确口述或书写仓储工作站的整体硬件组成	5			
		○ △ □	正确口述或书写料架的组成	5			
		○ △ □	正确口述或书写异形芯片原料盘上芯片的种类	5			
		○ △ □	正确口述或书写芯片在异形芯片原料盘上的布局方式	5			
		○ △ □	正确口述或书写安装检测工装单元的组成	5			
		○ △ □	正确口述或书写安装检测工装单元的功能	5			
	仓储工作站的工艺流程（50分）	○ △ □	正确放置 A04 号 PCB	5			
		○ △ □	正确布置芯片	5			
		○ △ □	正确口述或书写空 PCB 模拟检测工艺流程	10			
		○ △ □	正确口述或书写空位检测工艺流程	10			
		○ △ □	正确口述或书写芯片安装工艺流程	10			
		○ △ □	正确口述或书写安装完成 PCB 模拟检测工艺流程	10			
合计				100			

注：依据得分条件进行评分，按要求完成在记录符号上（学生○、小组△、教师□）打√，未按要求完成在记录符号上（学生○、小组△、教师□）打×，并扣除对应分数。

任务 2　规划仓储运动路径及程序结构

任务目标

1）能合理规划仓储运动路径。
2）能合理规划仓储程序结构。
3）能合理规划工业机器人程序 I/O 信号。
4）能合理规划 PLC 程序结构。
5）能合理规划 PLC 程序 I/O 信号。

任务内容

完成仓储运动路径、工业机器人程序结构、PLC 程序结构及 I/O 信号的规划。工业机器人在仓储工作站中完成异形芯片原料盘空位检测、吸取和安装芯片的工作，它从工作原点运动到拾取工具位置，装载所需的吸盘工具，随后运动到异形芯片原料盘，检测并记录其中的空位情况，根据所记录的异形芯片原料盘空位，依次到达有料位置吸取芯片，并安装到 PCB 上。完成芯片安装后，工业机器人将吸盘工具放回工具存放位置，并回工作原点。

任务实施

1. 规划仓储运动路径

经过分析工艺流程可知，仅异形芯片原料盘空位检测和芯片安装过程涉及工业机器人的运动路径，运动路径规划如下：

1）工业机器人从工作原点 Home4 点运动到拾取工具位置，进行吸盘工具的装载。

2）工业机器人运动到异形芯片原料盘，依次检测异形芯片原料盘中的空位情况，并进行记录，之后回到工作原点。

3）工业机器人根据异形芯片原料盘空位情况，依次到达有料位置吸取芯片安装到

PCB 上。

4）完成芯片安装后，工业机器人将吸盘工具放回工具存放位置，回到 Home4 点。

工业机器人仓储路径轨迹点位、坐标系、变量见表 4-2。

表 4-2 工业机器人仓储路径轨迹点位、坐标系、变量

名　称		功 能 描 述
空间轨迹点	Home4	工业机器人工作原点
	Tool3G	取吸盘工具点位
	Tool3P	放吸盘工具点位
	ChipRawPos{26}	一维数组，存放 26 个取放点位
	A04ChipPos{5}	一维数组，存放 A04 号 PCB 芯片的 5 个放置点位
工具坐标系	tool0	默认 TCP（法兰盘中心）
变量	NumChip	当前异形芯片原料盘芯片位号
	ChipRawMark{26}	标记异形芯片原料盘位中是否有料，当数组中的元素值为 1 时表示有料，值为 0 时表示没有料
	NumClearArray	用于清空数组中元素的变量

2. 规划仓储程序结构

（1）规划工业机器人程序结构

根据工艺流程及工业机器人运动路径的规划，将工业机器人程序划分为 3 个程序模块，即主程序模块、应用程序模块、点位变量定义模块，工业机器人程序结构如图 4-15 所示。

主程序模块包括初始化程序和主程序，初始化程序用于信号的复位、变量的赋初值，以及工业机器人初始位姿的调整、工业机器人整体运行速度的把控；主程序只有一个，用于整个流程的组织和串联，并作为自动运行程序的入口。应用程序模块包括工业机器人实现仓储工艺流程的若干个子程序，每个子程序具有自己单独的功能。点位变量定义模块用于声明并保存工业机器人的空间轨迹点位，便于后续程序中直接调用，该模块还定义了程序中使用到的变量。

各个子程序的名称及功能如下：

1）MGetTool3：用于实现工业机器人取工具。

2）MVaccumTest：用于检测异形芯片原料盘中的有料位置，并进行记录。

3）MPutToA04：带参数的例行程序，通过使用不同参数连续调用 5 次该程序实现工业机器人依次到达有料位置，吸取芯片，安装到 A04 号 PCB 上。

4）MPutTool3：用于实现工业机器人放回工具。

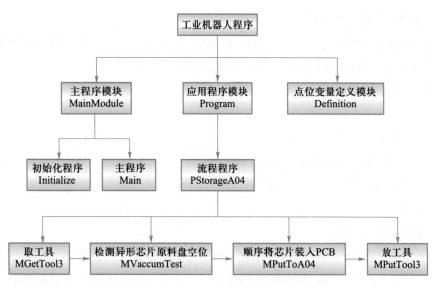

图 4-15　工业机器人程序结构

（2）规划工业机器人 I/O 信号

工业机器人与 PLC、末端工具、压力开关间存在信号通信，输入输出信号见表 4-3 所示。

表 4-3　输入输出信号

信号	硬件设备	端口号	名称	功能描述	对应设备	对应 PLC 信号
工业机器人输出信号	工业机器人 DSQC652 I/O 板（XS14）	0	ToPDigPutFinish	芯片安装完成信号，值为 1 时表示所有芯片已装入 A04 号 PCB	PLC	I3.0
		3	ToTDigVaccumOff	破除真空信号，值为 1 时气源送气破除气管内真空，值为 0 时不动作	电磁阀	/
		7	ToTDigQuickChange	快换装置动作信号，值为 1 时工业机器人快换装置内的钢珠缩回，值为 0 时工业机器人快换装置内的钢珠弹出	工业机器人快换装置	/
	工业机器人 DSQC652 I/O 板（XS15）	9	ToTDigSucker1	吸盘工具打开关闭信号，值为 1 时真空单吸盘打开，值为 0 时真空单吸盘关闭	吸盘工具	/
工业机器人输入信号	工业机器人 DSQC652 I/O 板（XS12）	4	FrPDigContinue	PLC 告知工业机器人继续执行后续动作，值为 1 时工业机器人继续执行后续动作	PLC	Q12.4
	工业机器人 DSQC652 I/O 板（XS13）	9	FrTDigVacSen1	压力开关检测值反馈信号，值为 1 时表示真空单吸盘已吸到芯片，值为 0 时表示真空单吸盘未吸取到芯片	压力开关	/

（3）规划工业机器人主程序

通过主程序调用初始化程序及应用程序中的一系列子程序，并使这些程序按照时间先后顺序进行执行，完成工业机器人在整个工艺流程中的动作。

工业机器人主程序如下：

PROC main（）

    WaitDI FrPDigContinue，1；

    Initialize；!! 初始化程序

    PStorageA04；!! 流程程序

ENDPROC

（4）规划 PLC 程序结构

根据工艺流程要求，PLC 程序可规划为初始化程序、安全防护程序、安装检测工装单元动作程序三个子程序。PLC 程序结构如图 4-16 所示。初始化程序主要用于信号、变量的复位，以及安装检测工装单元中气缸的复位，从而保证气缸能够在初始状态时处于正确的位置。安全防护程序包括急停程序和蜂鸣器触发程序。安装检测工装单元动作程序主要用于工艺流程中两次检测 PCB 的动作控制。

图 4-16　PLC 程序结构

（5）规划 PLC 的 I/O 信号

PLC 的部分 I/O 信号用于控制安装检测工装单元气缸的动作、指示灯的亮暗，并感知流程启动及气缸到位情况。另外，PLC 与工业机器人的交互信号用于流程控制。PLC 输入输出信号规划见表 4-4。

表 4-4　PLC 输入输出信号规划

信号	硬件设备	信号端口	功 能 描 述	对 应 设 备	对应机器人信号
PLC 输出信号	CPU ST60	Q0.0	端口输出为 1 时升降气缸 1 下降，为 0 时升降气缸 1 上升	1 号工位升降气缸电磁阀	—
		Q0.6	端口输出为 1 时推动气缸 1 推出，为 0 时推动气缸 1 缩回	1 号工位推动气缸电磁阀	—

续表

信号	硬件设备	信号端口	功 能 描 述	对 应 设 备	对应机器人信号
PLC输出信号	CPU ST60	Q1.0	端口输出为 1 时检测指示灯亮起，为 0 时检测指示灯熄灭	1 号工位检测指示灯	—
		Q1.4	端口输出为 1 时红色检测结果指示灯亮起，为 0 时红色检测结果指示灯熄灭	1 号工位红色检测结果指示灯	—
		Q1.5	端口输出为 1 时绿色检测结果指示灯亮起，为 0 时绿色检测结果指示灯熄灭	1 号工位绿色检测结果指示灯	—
	EM DR08	Q12.4	端口输出为 1 时，安装检测工装单元完成 PCB 检测	工业机器人	FrPDigContinue
PLC输入信号	CPU ST60	I0.2	端口输入为 1 时启动按钮按下，为 0 时启动按钮抬起	操作面板按钮	—
		I1.3	端口输入为 1 时升降气缸 1 处于上限位	1 号工位升降气缸限位开关	—
		I1.4	端口输入为 1 时升降气缸 1 处于下限位		—
		I2.0	端口输入为 1 时推动气缸 1 处于伸出位	1 号工位推动气缸限位开关	—
		I2.1	端口输入为 1 时推动气缸 1 处于缩回位		—
		I3.0	端口输入为 1 时工业机器人告知 PLC 已将芯片装满 PCB	工业机器人	ToPDigPutFinish

任务评价

任务评价见表 4-5。

表 4-5　任 务 评 价

评分类别	评分项目	评 分 内 容	配分	学生自评 ○	小组互评 △	教师评价 □
职业素养（20 分）	规范 "7S" 操作（8 分）	○ △ □　整理、整顿	2			
		○ △ □　清理、清洁	2			
		○ △ □　素养、节约	2			
		○ △ □　安全	2			
	进行 "三检" 工作（6 分）	○ △ □　检查作业所需要的工具和设备是否完备	2			
		○ △ □　检查设备是否正常	2			
		○ △ □　检查工作环境是否安全	2			
	做到 "三不" 操作（6 分）	○ △ □　操作过程工具不落地	2			
		○ △ □　操作过程不浪费材料	2			
		○ △ □　操作过程不脱安全帽	2			

续表

评分类别	评分项目	评分内容		配分	学生自评 ○	小组互评 △	教师评价 □
职业技能 （80分）	规划分拣运动路径（40分）	○ △ □	正确规划仓储路径	10			
		○ △ □	正确完成工业机器人仓储路径轨迹点位规划	10			
		○ △ □	正确完成工业机器人仓储路径坐标系规划	10			
		○ △ □	正确完成工业机器人仓储程序变量规划	10			
	规划机器人程序及PLC程序（40分）	○ △ □	正确完成工业机器人程序整体结构规划	10			
		○ △ □	正确完成工业机器人 I/O 信号规划	5			
		○ △ □	正确完成工业机器人主程序规划	10			
		○ △ □	正确完成 PLC 程序整体结构规划	10			
		○ △ □	正确完成 PLC 程序 I/O 信号规划	5			
合计				100			

注：依据得分条件进行评分，按要求完成在记录符号上（学生○、小组△、教师□）打√，未按要求完成在记录符号上（学生○、小组△、教师□）打×，并扣除对应分数。

任务 3　编写仓储工业机器人程序

任务目标

1）会编写工业机器人取放工具程序。

2）会编写检测异形芯片原料盘空位程序。

3）会编写顺序装芯片程序。

4）会编写初始化程序。

5）会使用数组记录点位及芯片有料位的信息。

6）能灵活使用 While 循环指令、Test 逻辑判断指令。

7）能灵活使用带参数的例行程序。

8）会设置压力开关的数值。

任务内容

完成仓储工业机器人程序的编写，包括工业机器人取放工具和检测异形芯片原料盘空位程序、顺序装芯片程序、初始化程序及主程序。工业机器人接收到来自 PLC 的继续执行指令后，从工作原点出发首先抓取吸盘工具，然后移动到异形芯片原料盘位置，按照异形芯片原料盘上的序号逐一对异形芯片原料盘中是否有芯片进行检测，并记录异形芯片原料盘中的空位情况，根据所记录的异形芯片原料盘空位，略过空位吸取芯片，按照异形芯片原料盘上的编号顺序依次将 4 种芯片装入 A04 号 PCB，最终将 A04 号 PCB 装满，保证其中有 1 个 CPU 芯片，1 个集成芯片，1 个三极管芯片，2 个电容芯片，最后工业机器人告知 PLC 已完成放料，以便 PLC 启动后续检测流程。

任务实施

1. 编写取放吸盘工具程序

编写取放吸盘工具程序的步骤见表 4-6。

表 4-6　编写取放吸盘工具程序的步骤

序号	操作步骤	程序或示意图
1	编写取放工具程序 MGetTool3 和 MPut-Tool3 参考项目三中 MGetTool2 程序完成 MGetTool3 程序的编写	PROC MGetTool3( ) 　　MoveAbsJ Home4\NoEOffs, v1000, fine, tool0; 　　Set ToTDigQuickChange; 　　MoveJ Offs(Tool3G,0,0,100), v500, z20, tool0; 　　MoveL Offs(Tool3G,0,0,50), v300, z20, tool0; 　　MoveL Offs(Tool3G,0,0,10), v100, fine tool0; 　　MoveL Tool3G, v20, fine, tool0; 　　WaitTime 1; 　　Reset ToTDigQuickChange; 　　WaitTime 1; 　　MoveL Offs(Tool3G,0,0,10), v20, fine, tool0; 　　MoveL Offs(Tool3G,0,0,30), v60, z20, tool0; 　　MoveJ Offs(Tool3G,0,0,150), v500, fine, tool0; 　　MoveAbsJ Home4\NoEOffs, v1000, fine, tool0; ENDPROC
2	参考项目三中 MPutTool2 程序完成 MPutTool3 程序的编写	PROC MPutTool3( ) 　　MoveAbsJ Home4\NoEOffs, v1000, fine, tool0; 　　MoveJ Offs(Tool3P,0,0,100), v500, fine, tool0; 　　MoveL Offs(Tool3P,0,0,50), v300, z20, tool0; 　　MoveL Offs(Tool3P,0,0,10), v100, fine, tool0; 　　MoveL Tool3P, v20, fine, tool0; 　　WaitTime 1; 　　Set ToTDigQuickChange; 　　WaitTime 1; 　　MoveL Offs(Tool3P,0,0,10), v20, fine, tool0; 　　MoveL Offs(Tool3P,0,0,50), v60, z20, tool0; 　　MoveL Offs(Tool3P,0,0,150), v500, fine, tool0; 　　MoveAbsJ Home4\NoEOffs, v1000, fine, tool0; ENDPROC

序号	操 作 步 骤	程序或示意图
3	调试取放工具程序 MGetTool3 和 MPut-Tool3 手动操纵工业机器人，使工业机器人移动至工作原点，参考表 3-8，示教并记录 Home4 点位。强制置位快换装置动作信号，确保装载工具前快换钢珠缩回	
4	参考表 3-8，示教并记录 Tool3G、Tool3P 点位	
5	强制复位快换装置动作信号，将工业机器人移动至工作原点位置，按下示教器上的使能键及运行键对取吸盘工具例行程序进行调试	

续表

序号	操作步骤	程序或示意图
6	待工业机器人取完吸盘工具返回工作原点后，按下示教器上的使能键及运行键对放吸盘工具例行程序进行调试	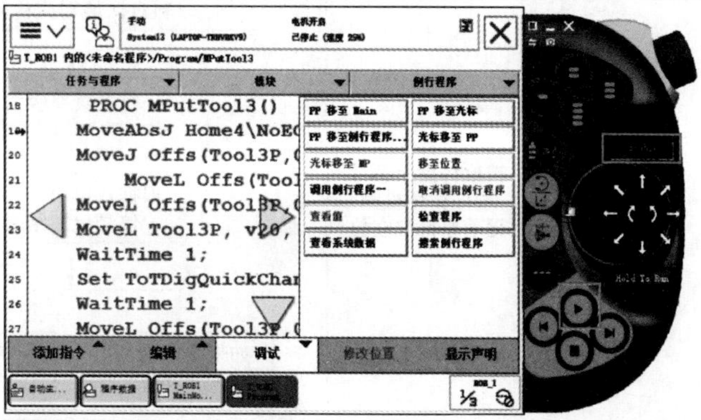

2. 编写检测异形芯片原料盘空位程序

（1）规划检测异形芯片原料盘空位程序结构

依照异形芯片原料盘上芯片的编号，工业机器人装载吸盘工具依次到芯片位置做吸取芯片动作。当芯片位置有料时，吸盘工具能够吸到芯片，气路内形成较大负压，压力开关反馈给工业机器人的信号 FrTDigVacSen1 值为 1；当芯片位置为空位时，吸盘工具不能吸到芯片，气路内负压未能达到设定值，压力开关反馈给工业机器人的信号 FrTDigVacSen1 值为 0。工业机器人将压力开关每次的反馈检测结果信息存到一个数组 ChipRawMark{26} 中，用于记录异形芯片原料盘每个位置有无料的情况，检测异形芯片原料盘空位程序的编程逻辑如图 4-17 所示。关于数组的相关知识详见项目二知识链接。

为了便于按照异形芯片原料盘编号顺序依次到达异形芯片原料盘上的 26 个位置，可以采用数组 ChipRawPos{26} 记录吸盘工具在 26 个位置时工业机器人的位姿，并结合循环指令的形式来实现该段程序功能，程序如下：

WHILE NumChip < 26 DO！！ 使用 While 循环完成计数

    Incr NumChip； ！！ 使计数变量 NumChip 自加 1,其初始值为 0,即从 1 开始轮询数
             组 ChipRawPos 中的元素

    MoveL ChipRawPos{NumChip}, v20, fine, tool0； ！！ 调用数组到达吸取芯片时工
                        业机器人的位姿

ENDWHILE

由于执行工艺流程时的空位情况未知，为了保证后续从异形芯片原料盘不同位置中吸取的任意一个芯片都能够成功装入 PCB 中，需要满足两点要求：第一，吸取同种芯片时，每个料位芯片的表面吸取点位置是相同的；第二，芯片表面的吸取点位置要和放入 PCB 时的芯片吸取点位置保证一致。

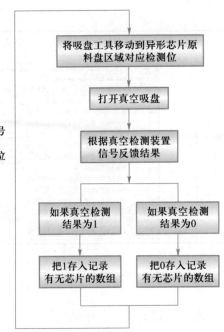

图 4-17 检测异形芯片原料盘空位程序的编程逻辑

以 CPU 芯片为例,可以在工业机器人先吸取第一个 CPU 芯片时,手动操纵工业机器人将 CPU 芯片放置到 2~4 料位及 PCB 的 CPU 芯片安装点位,并记录这些位姿,保证以上两点要求。

为 PCB 芯片安装时的点位进行编号,如图 4-7 所示,将安装这 5 个芯片时的点位信息对应记录到 A04ChipPos{5}数组中,此步骤为后续的任务 4 做准备。

(2)编写检测异形芯片原料盘空位程序

编写检测异形芯片原料盘空位程序的步骤见表 4-7。

表 4-7 编写检测异形芯片原料盘空位程序的步骤

序号	操 作 步 骤	程序或示意图
1	建立记录吸盘工具吸取芯片料位上 26 个位置的数组 ChipRawPos{26}、记录 PCB 上 5 个芯片放置的数组 A04ChipPos{5}、记录 26 个位置是否有料的检测结果信息数组 ChipRawMark{26}	数据类型: robtarget 活动过滤器: 选择想要编辑的数据。 范围: RAPID/T_ROB1　　　　　　更改范围 <table><tr><td>名称</td><td>值</td><td>模块</td><td>1 到 4 共 4</td></tr><tr><td>A04ChipPos</td><td>数组</td><td>Definition</td><td>全局</td></tr><tr><td>ChipRawPos</td><td>数组</td><td>Definition</td><td>全局</td></tr></table> 数据类型: num 活动过滤器: 选择想要编辑的数据。 范围: RAPID/T_ROB1　　　　　　更改范围 <table><tr><td>名称</td><td>值</td><td>模块</td><td>1 到 7 共</td></tr><tr><td>ChipRawMark</td><td>数组</td><td>Definition</td><td>全局</td></tr></table>

续表

序号	操 作 步 骤	程序或示意图
2	手动操纵工业机器人，将吸盘工具移动至异形芯片原料盘第一个 CPU 芯片取料位	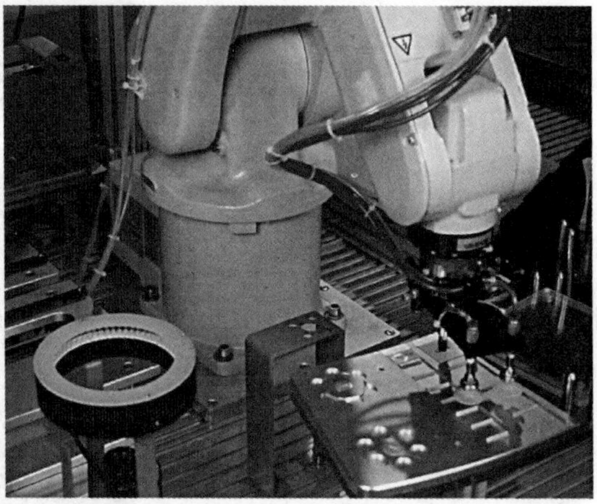
3	选择数组 ChipRawPos{26} 中对应的{1}号元素位置，单击"修改位置"，对该点工业机器人位姿进行记录	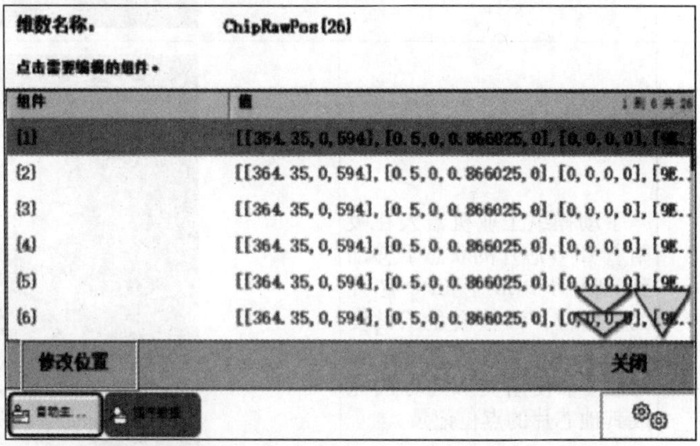
4	快捷键控制吸盘将 CPU 芯片吸取	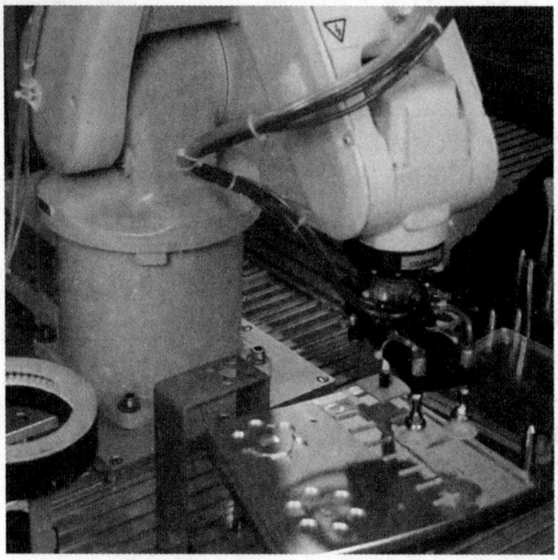

以下为步骤 3 示意图中的内容：

维数名称：　ChipRawPos〔26〕

点击需要编辑的组件。

组件	值	1 到 6 共 26
〔1〕	[[364.35, 0, 594], [0.5, 0, 0.866025, 0], [0, 0, 0, 0], [9...	
〔2〕	[[364.35, 0, 594], [0.5, 0, 0.866025, 0], [0, 0, 0, 0], [9...	
〔3〕	[[364.35, 0, 594], [0.5, 0, 0.866025, 0], [0, 0, 0, 0], [9...	
〔4〕	[[364.35, 0, 594], [0.5, 0, 0.866025, 0], [0, 0, 0, 0], [9...	
〔5〕	[[364.35, 0, 594], [0.5, 0, 0.866025, 0], [0, 0, 0, 0], [9...	
〔6〕	[[364.35, 0, 594], [0.5, 0, 0.866025, 0], [0...	

修改位置　　　关闭

续表

序号	操 作 步 骤	程序或示意图
5	手动操纵工业机器人将 CPU 芯片放入第二个 CPU 芯片槽位，记录该点位，使用同样的方法记录剩下的两个 CPU 芯片取料位的位置	
6	手动操纵工业机器人在吸附着 CPU 芯片的状态下移动到 A04 号 PCB 上 CPU 芯片的放置位，调整吸盘工具姿态，将芯片放入放置位，记录位姿。使用类似的方法完成其他芯片的点位记录	

7	添加工业机器人移动至工作原点指令（该点位已在工业机器人取放工具的调试过程中示教过）。添加 While 循环指令，并使变量 NumChip 自加 1，从 1 开始循环	MoveAbsJ Home\NoEOffs, v1000, fine, tool0;
		WHILE NumChip < 26 DO
		　　Incr NumChip;
		ENDWHILE

8	添加工业机器人移动到吸盘检测点位的程序，以及置位吸盘控制信号的程序，注意在工业机器人移动到位及信号置位后需要预留等待时间	MoveL ChipRawPos{NumChip}, v20, fine, tool0; WaitTime 0.3; Set ToTDigSucker1; WaitTime 0.3;

续表

序号	操作步骤	程序或示意图
9	添加工业机器人移动到吸盘检测点位的过渡点位，注意保证过渡点位不会与周边设备发生碰撞	吸盘检测前过渡点： MoveJ Offs(ChipRawPos{NumChip},0,0,100)，v1000，z20，tool0； MoveL Offs(ChipRawPos{NumChip},0,0,50)，v500，z20，tool0； MoveL Offs(ChipRawPos{NumChip},0,0,20)，v50，fine tool0； 吸盘检测后抬起过渡点： MoveL Offs(ChipRawPos{NumChip},0,0,20)，v50，fine tool0； WaitTime 0.5；
10	将压力开关检测值反馈信号赋值给数组 ChipRawMark{NumChip}，再添加指令使吸盘移动到先前的吸料位置，然后添加指令复位吸盘信号，将吸到的芯片松开	ChipRawMark{NumChip} ：= FrTDigVacSen1； MoveL ChipRawPos{NumChip}，v20，fine，tool0； WaitTime 0.5； Reset ToTDigSucker1；
11	添加置位破除真空指令，向吸盘工具管道内送气，使其从负压状态恢复到正压状态，进一步确保松开后芯片不粘连 　预留等待时间，将吸盘工具抬起到检测位上方过渡点，并将破除吸盘真空信号关闭	Set ToTVaccumOff； WaitTime 0.5； MoveL Offs(ChipRawPos{NumChip},0,0,100)，v100，z0，tool0； Reset ToTVaccumOff；
12	在异形芯片原料盘中放置 4 种芯片，任意设置空位	
13	按下示教器上的使能键及单步运行键对该段例行程序逐句进行调试。注意调试时保证工业机器人不会和周边设备发生碰撞	

续表

序号	操作步骤	程序或示意图

14		检测异形芯片原料盘空位程序：
		PROC MVaccumTest( )
		　　　MoveAbsJ Home4\NoEOffs, v1000, fine, tool0;
		　　WHILE NumChip < 26 DO
		　　　Incr NumChip;
		　　　MoveJ Offs(ChipRawPos{NumChip},0,0,100), v1000, z20, tool0;
		　　　MoveL Offs(ChipRawPos{NumChip},0,0,50), v500, z20, tool0;
		　　　MoveL Offs(ChipRawPos{NumChip},0,0,20), v50, fine, tool0;
		　　　MoveL ChipRawPos{NumChip}, v20, fine, tool0;
		　　　WaitTime 0.3;
		　　　Set ToTDigSucker1;
		　　　WaitTime 0.3;
		　　　MoveL Offs(ChipRawPos{NumChip},0,0,20), v50, fine, tool0;
		　　　WaitTime 0.5;
		　　　ChipRawMark{NumChip} := FrTDigVacSen1;
		　　　MoveL ChipRawPos{NumChip}, v20, fine, tool0;
		　　　WaitTime 0.5;
		　　　Reset ToTDigSucker1;
		　　　Set ToTVaccumOff;
		　　　WaitTime 0.5;
		　　　MoveL Offs(ChipRawPos{NumChip},0,0,100), v100, fine, tool0;
		　　　Reset ToTVaccumOff;
		　　ENDWHILE
		　　　MoveAbsJ Home4\NoEOffs, v1000, fine, tool0;
		　ENDPROC

15	建立流程程序 PStorageA04( )，在该程序中调用取吸盘工具程序 MGetTool3( )、检测料盘空位程序 MVaccumTest( )、放吸盘工具程序 MPutTool3( )	PROC PStorageA04( ) 　　MGetTool3; 　　MVaccumTest; 　　MPutTool3; ENDPROC
16	按下示教器上的使能键及单步运行键对 PStorageA04( ) 例行程序逐句进行调试。注意调试时保证工业机器人不会和周边设备发生碰撞	

3. 编写顺序装配芯片程序

（1）规划顺序装配芯片程序结构

利用任务 3 编写的程序可以检测出异形芯片原料盘中的有料位情况，并将有料位的信息记录到数组 ChipRawMark{26}中，在本任务中可以借助这个数组来判断每类芯片中第一个有料位的位置。

例如，对于 CPU 芯片来说，它的序号是 1~4，可以使用 4 个紧凑型条件判断语句来依次判断，得出 CPU 芯片的第一个有料位置，程序如下：

NumChip：=0；　!! 当前异形芯片原料盘芯片位号变量赋初值

Incr NumChip；　!! 将当前异形芯片原料盘芯片位号变量自加 1，即从 1 号位开始

IF NumChip = 1 AND ChipRawMark｛NumChip｝= 0 Incr NumChip；　!! 如果 1 号位没有
　　　　　芯片，就将变量值加 1，进入后续语句；如果 1 号位有芯片，变量 NumChip
　　　　　的值就保持为 1，以此类推

IF NumChip = 2 AND ChipRawMark｛NumChip｝= 0 Incr NumChip；

IF NumChip = 3 AND ChipRawMark｛NumChip｝= 0 Incr NumChip；

IF NumChip = 4 AND ChipRawMark｛NumChip｝= 0 Incr NumChip；

使用类似的方法可以将集成芯片（序号为 5~12）、三极管芯片（序号为 13~17）、电容芯片（序号为 20~26）中的第一个有料位检测出来，由于存在 4 种芯片，检测芯片的模式类似，可以采用逻辑判断指令 TEST，即有 4 组情况。但是由于 A04 号 PCB 有 5 个安装位置，其中有两个电容芯片的安装位置，即需要执行两次电容有料位置的检测，所以需要将 Test 中的 CASE（情况）设为 5 种。

通过在流程程序 PStorageA04 中依次调用 5 次带参数的例行程序 MPutToA04(num a)实现顺序装配芯片。顺序装配芯片程序逻辑如图 4-18 所示。

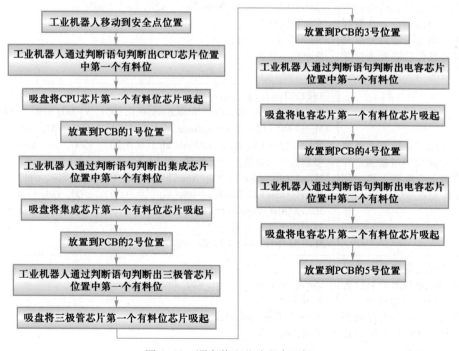

图 4-18　顺序装配芯片程序逻辑

（2）编写顺序装配芯片程序

编写顺序装配芯片程序的步骤见表4-8。

表4-8 编写顺序装配芯片程序的步骤

序号	操 作 步 骤	程序或示意图
1	建立带参数的例行程序 MPutToA04（num a），并添加工业机器人回工作原点指令	PROC MPutToA04（num a） MoveAbsJ Home4\NoEOffs，v1000，fine，tool0； ENDPROC
2	添加 TEST 逻辑判断指令，并添加 5 种 CASE，在 CASE1 中添加判断 CPU 芯片区域有料位置的程序，使用相同的方法添加 CASE2、CASE3、CASE4、CASE5 中的程序（完整程序见下文）	TEST a CASE 1： NumChip：= 0； Incr NumChip； IF NumChip = 1 AND ChipRawMark｛NumChip｝= 0 Incr NumChip； IF NumChip = 2 AND ChipRawMark｛NumChip｝= 0 Incr NumChip； IF NumChip = 3 AND ChipRawMark｛NumChip｝= 0 Incr NumChip； IF NumChip = 4 AND ChipRawMark｛NumChip｝= 0 Incr NumChip； CASE 2： CASE 3： CASE 4： CASE 5 ENDTEST
3	添加工业机器人移动到吸盘取料点位的指令及吸料的指令，注意在工业机器人移动到位及信号置位后需要预留等待时间	MoveL ChipRawPos｛NumChip｝，v50，fine，tool0； WaitTime 0.5； Set ToTDigSucker1； WaitTime 0.5；
4	添加工业机器人吸取芯片前后的过渡点，并添加工业机器人移动到工作原点指令	吸取芯片前过渡点对应程序： MoveJ Offs（ChipRawPos｛NumChip｝,0,0,100），v1000，z20，tool0； MoveJ Offs（ChipRawPos｛NumChip｝,0,0,50），v500，z20，tool0； MoveL Offs（ChipRawPos｛NumChip｝,0,0,20），v500，fine，tool0； 吸取芯片后过渡点对应程序： MoveL Offs（ChipRawPos｛NumChip｝,0,0,20），v20，fine，tool0； MoveL Offs（ChipRawPos｛NumChip｝,0,0,50），v500，z20，tool0； MoveJ Offs（ChipRawPos｛NumChip｝,0,0,100），v1000，z20，tool0； 移动到工作原点对应程序： MoveAbsJ Home4\NoEOffs，v1000，fine，tool0；
5	添加工业机器人移动到 A04 号 PCB 放料位置指令及放料的指令，注意在工业机器人移动到位及信号复位后需要预留等待时间	MoveL A04ChipPos｛a｝，v20，fine，tool0； WaitTime 0.5； Reset ToTDigSucker1； WaitTime 0.5；

续表

序号	操 作 步 骤	程序或示意图
6	添加将芯片放入 A04 号 PCB 前后的过渡点，并添加工业机器人移动到工作原点指令	放料前过渡点对应程序： MoveJ Offs(A04ChipPos{a} ,0,0,30) , v1000, z20, tool0; MoveL Offs(A04ChipPos{a} ,0,0,20) , v20, fine, tool0; 放料后过渡点对应程序： MoveL Offs(A04ChipPos{a} ,0,0,20) , v20, fine, tool0; MoveL Offs(A04ChipPos{a} ,0,0,30) , v20, z20, tool0; 移动到工作原点对应程序： MoveAbsJ Home4\NoEOffs, v1000, fine, tool0;
7		完整程序如下： PROC MPutToA04(num a) MoveAbsJ Home4\NoEOffs, v1000, fine, tool0; TEST a!! 当 a＝1 时装配 CPU 芯片，当 a＝2 时装配集成芯片，当 a＝3 时装配三极管芯片，当 a＝4 时装配电容芯片，当 a＝5 时装配电容芯片 CASE 1:!! 检测出 CPU 芯片第一个有料位 NumChip: =0; Incr NumChip; IF NumChip = 1 AND ChipRawMark{NumChip} = 0 Incr NumChip; IF NumChip = 2 AND ChipRawMark{NumChip} = 0 Incr NumChip; IF NumChip = 3 AND ChipRawMark{NumChip} = 0 Incr NumChip; IF NumChip = 4 AND ChipRawMark{NumChip} = 0 Incr NumChip; CASE 2：!! 检测出集成芯片第一个有料位 　NumChip: =4; 　Incr NumChip; 　IF NumChip = 5 AND ChipRawMark{NumChip} = 0 Incr NumChip; 　IF NumChip = 6 AND ChipRawMark{NumChip} = 0 Incr NumChip; 　IF NumChip = 7 AND ChipRawMark{NumChip} = 0 Incr NumChip; 　IF NumChip = 8 AND ChipRawMark{NumChip} = 0 Incr NumChip; 　IF NumChip = 9 AND ChipRawMark{NumChip} = 0 Incr NumChip; 　IF NumChip = 10 AND ChipRawMark{NumChip} = 0 Incr NumChip; 　IF NumChip = 11 AND ChipRawMark{NumChip} = 0 Incr NumChip; 　IF NumChip = 12 AND ChipRawMark{NumChip} = 0 Incr NumChip; CASE 3：!! 检测出三极管芯片第一个有料位 　NumChip: =12; 　Incr NumChip; 　IF NumChip = 13 AND ChipRawMark{NumChip} = 0 Incr NumChip; 　IF NumChip = 14 AND ChipRawMark{NumChip} = 0 Incr NumChip; 　IF NumChip = 15 AND ChipRawMark{NumChip} = 0 Incr NumChip; 　IF NumChip = 16 AND ChipRawMark{NumChip} = 0 Incr NumChip; 　IF NumChip = 17 AND ChipRawMark{NumChip} = 0 Incr NumChip; 　IF NumChip = 18 AND ChipRawMark{NumChip} = 0 Incr NumChip; 　IF NumChip = 19 AND ChipRawMark{NumChip} = 0 Incr NumChip; CASE 4:!! 第一次检测出电容芯片第一个有料位 　NumChip: =19; 　Incr NumChip; 　IF NumChip = 20 AND ChipRawMark{NumChip} = 0 Incr NumChip; 　IF NumChip = 21 AND ChipRawMark{NumChip} = 0 Incr NumChip; 　IF NumChip = 22 AND ChipRawMark{NumChip} = 0 Incr NumChip; 　IF NumChip = 23 AND ChipRawMark{NumChip} = 0 Incr NumChip; 　IF NumChip = 24 AND ChipRawMark{NumChip} = 0 Incr NumChip;

序号	操 作 步 骤	程序或示意图
7		IF NumChip = 25 AND ChipRawMark{NumChip} = 0 Incr NumChip;
		IF NumChip = 26 AND ChipRawMark{NumChip} = 0 Incr NumChip;
		CASE 5: !! 第二次检测出电容芯片第一个有料位
		Incr NumChip;!! 注意第二次检测电容芯片的时候该变量需要在上次检测出的变量上直接加 1 开始,即直接检测后续有料位置中的第一个位置
		IF NumChip = 20 AND ChipRawMark{NumChip} = 0 Incr NumChip;
		IF NumChip = 21 AND ChipRawMark{NumChip} = 0 Incr NumChip;
		IF NumChip = 22 AND ChipRawMark{NumChip} = 0 Incr NumChip;
		IF NumChip = 23 AND ChipRawMark{NumChip} = 0 Incr NumChip;
		IF NumChip = 24 AND ChipRawMark{NumChip} = 0 Incr NumChip;
		IF NumChip = 25 AND ChipRawMark{NumChip} = 0 Incr NumChip;
		IF NumChip = 26 AND ChipRawMark{NumChip} = 0 Incr NumChip;
		ENDTEST
		MoveJ Offs(ChipRawPos{NumChip},0,0,100), v1000, z20, tool0;
		MoveJ Offs(ChipRawPos{NumChip},0,0,50), v500, z20, tool0;
		MoveL Offs(ChipRawPos{NumChip},0,0,20), v500, fine, tool0;
		MoveL ChipRawPos{NumChip}, v50, fine, tool0;
		WaitTime 0.5;
		Set ToTDigSucker1;
		WaitTime 0.5;
		MoveL Offs(ChipRawPos{NumChip},0,0,20), v20, fine, tool0;
		MoveL Offs(ChipRawPos{NumChip},0,0,50), v500, z20, tool0;
		MoveJ Offs(ChipRawPos{NumChip},0,0,100), v1000, z20, tool0;
		MoveAbsJ Home4\NoEOffs, v1000, fine, tool0;
		MoveJ Offs(A04ChipPos{a},0,0,30), v1000, z20, tool0;
		MoveL Offs(A04ChipPos{a},0,0,20), v20, fine, tool0;
		MoveL A04ChipPos{a}, v20, fine, tool0;
		WaitTime 0.5;
		Reset ToTDigSucker1;!! 关闭吸盘
		WaitTime 0.5;
		MoveL Offs(A04ChipPos{a},0,0,20), v20, fine, tool0;
		MoveL Offs(A04ChipPos{a},0,0,30), v20, z20, tool0;
		MoveAbsJ Home4\NoEOffs, v1000, fine, tool0;
		ENDPROC
8	对任务 3 中已经建立的流程程序 PStorageA04() 进行修改,在其中添加顺序装配芯片程序,并添加指令告知 PLC 放料完成	PROC PStorageA04()
		MGetTool3; !! 取吸盘工具程序
		MVaccumTest;!! 检测异形芯片原料盘空位程序
		MPutToA04 1;!! 顺序将 CPU 芯片中第一个有料芯片装入 A04 号 PCB 程序
		MPutToA04 2;!! 顺序将集成芯片中第一个有料芯片装入 A04 号 PCB 程序
		MPutToA04 3;!! 顺序将三极管芯片中第一个有料芯片装入 A04 号 PCB 程序
		MPutToA04 4;!! 顺序将电容芯片中第一个有料芯片装入 A04 号 PCB 程序
		MPutToA04 5;!! 顺序将电容芯片中第二个有料芯片装入 A04 号 PCB 程序
		Set ToPDigPutFinish; !! 工业机器人告知 PLC 放料完成
		WaitTime 0.2;
		Reset ToPDigPutFinish;!! 将工业机器人告知 PLC 放料完成信号复位
		MPutTool3; !! 放吸盘工具程序
		ENDPROC

4. 编写工业机器人初始化程序

为了保证调试工业机器人程序时，所有状态都能满足初始条件，需要编写初始化程序。初始化程序包括工业机器人位姿的初始化，运行速度、加速度的初始化，变量的初始化以及信号的初始化。初始化程序如下：

PROC Initialize( )!! 初始化程序

    MoveAbsJ Home4\NoEOffs, v1000, fine, tool0;!! 将工业机器人移动到工作原点

    AccSet 50, 100;!! 工业机器人加速度限制在正常值的 50%

    VelSet 70, 800;!! 将工业机器人运行速度控制为原来的 70%，最大运行速度

        设置为 800 mm/s

    NumChip:=0;!! 为变量 NumChip 赋初值

    NumClearArray:=0;!! 为变量 NumClearArray 赋初值

WHILE NumClearArray < 26 DO!! 使用 While 循环指令

    incr NumClearArray;!! 将 NumClearArray 自加 1

ChipRawMark{NumClearArray}:=0;!! 将数组 ChipRawMark 的元素初始化清零

    ENDWHILE

    Set ToTDigQuickChange;!! 将控制快换装置动作的信号复位

    Reset ToTDigSucker1;!! 将控制吸盘打开的信号复位

    Reset ToTVaccumOff;!! 将破除真空状态的信号复位

    Reset ToPDigPutFinish;!! 将工业机器人告知 PLC 放料完成信号复位

ENDPROC

5. 编写工业机器人主程序

编写工业机器人主程序的步骤见表 4-9。

表 4-9　编写工业机器人主程序的步骤

操 作 步 骤	对 应 程 序
主程序调用初始化程序、流程程序 PStorageA04( )，并添加 PLC 告知继续执行后续动作指令	PROC main ( ) Initialize;!! 工业机器人初始化程序 WaitDI FrPDigContinue, 1;!! 等待 PLC 发送的继续执行程序指令 PStorageA04;!! 流程程序

任务评价

任务评价见表4-10。

表 4-10　任 务 评 价

评分类别	评分项目	评分内容	配分	学生自评 ○	小组互评 △	教师评价 □
职业素养（20分）	规范"7S"操作（8分）	○ △ □　整理、整顿	2			
		○ △ □　清理、清洁	2			
		○ △ □　素养、节约	2			
		○ △ □　安全	2			
	进行"三检"工作（6分）	○ △ □　检查作业所需要的工具和设备是否完备	2			
		○ △ □　检查设备是否正常	2			
		○ △ □　检查工作环境是否安全	2			
	做到"三不"操作（6分）	○ △ □　操作过程工具不落地	2			
		○ △ □　操作过程不浪费材料	2			
		○ △ □　操作过程不脱安全帽	2			
职业技能（80分）	编写与调试取放吸盘工具程序（20分）	○ △ □　按要求布置异形芯片原料盘中的芯片	5			
		○ △ □　正确完成工业机器人 I/O 信号配置，及所需点位的定义	5			
		○ △ □　正确完成取放吸盘工具程序的编写，取放工具动作前后留有一定的等待时间	5			
		○ △ □　正确完成取放吸盘工具程序调试，能实现取放吸盘工具的功能	5			
	编写检测料盘空位程序（25分）	○ △ □　正确完成检测异形芯片原料盘空位程序结构规划	5			
		○ △ □　正确通过数组记录取放芯片点位信息	2			
		○ △ □　正确通过数组记录有料位的检测结果信息	3			
		○ △ □　正确使用循环指令语句实现检测异形芯片原料盘空位程序功能	5			
		○ △ □　正确设置压力开关的数值，保证吸盘工具在吸到芯片时，压力开关的检测结果数值会显示绿色状态	5			
		○ △ □　正确完成检测异形芯片原料盘空位程序的调试	5			

续表

评分类别	评分项目	评分内容	配分	学生自评 ○	小组互评 △	教师评价 □
职业技能（80分）	编写顺序装配芯片程序（20分）	○ △ □　正确规划顺序装配芯片程序结构	5			
		○ △ □　建立带参数的例行程序	5			
		○ △ □　会添加 TEST 逻辑判断指令，并添加 5 种 CASE	5			
		○ △ □　正确编写顺序装配芯片程序	5			
	编写机器人初始化程序（10分）	○ △ □　编写工业机器人初始化程序，包括工业机器人位姿的初始化，运行速度、加速度的初始化，变量的初始化以及信号的初始化	10			
	编写机器人主程序（5分）	○ △ □　正确编写工业机器人主程序	5			
合计			100			

注：依据得分条件进行评分，按要求完成在记录符号上（学生○、小组△、教师□）打√，未按要求完成在记录符号上（学生○、小组△、教师□）打×，并扣除对应分数。

任务 4　编写仓储工作站 PLC 程序

任务目标

1）认识 PLC 基本编程指令及编程思路。

2）能编写仓储工作站 PLC 程序。

任务内容

完成仓储工作站 PLC 程序的编写，实现以下功能：按下操作面板上的启动按钮，启动仓储流程。PLC 控制推动气缸，将未安装任何芯片的 A04 号 PCB 推入检测工位进行检测，检测指示灯降下，以 1 s 为周期闪烁 3 s 后，检测指示灯升起，PCB 推出，同时检测结果指示灯红灯亮 3 s，PLC 告知工业机器人执行后续动作。当工业机器人完成 PCB 芯片安装后，发送指令告知 PLC 可启动后续检测，PLC 再次控制推动气缸，将安装好芯片的 A04 号 PCB 推入检测工位，检测指示灯降下，以 1 s 为周期闪烁 3 s 后，检测指示灯升起，推出 PCB，同时，检测结果指示灯绿灯亮 3 s。

任务实施

1. 编写安装检测工装单元动作程序

（1）规划安装检测工装单元动作程序结构

通过任务描述得知按下启动按钮和收到工业机器人完成顺序将芯片装入 PCB 信号时，PLC 控制推动气缸、升降气缸、检测指示灯、指示灯动作的流程是基本类似的，可以按照机构动作的先后顺序来完成 PLC 的顺序结构编程。PLC 控制安装检测工装单元动作逻辑如图 4-19 所示。

图 4-19　PLC 控制安装检测工装单元动作逻辑

（2）编写安装检测工装单元动作程序

编写安装检测工装单元动作程序的步骤见表 4-11。

表 4-11　编写安装检测工装单元动作程序的步骤

序号	操作步骤	程序示意图及程序注释
1	建立 PLC 控制安装检测工装单元动作子程序 FTestAction（SBR1）	
2	添加 I0.2 动合触点、下降沿指令、M2.1 输出线圈、M20.0 置位线圈，实现启动按钮动作的捕获和流程中间变量的置位	 程序注释：在启动按钮抬起后，M2.1 线圈瞬间接通并将 M20.0 置位线圈接通
3	添加 M2.1、I2.0、I1.3 动合触点及 Q0.6 复位线圈，实现推动气缸 1 缩回	 程序注释：初始状态时推动气缸 1 处于伸出位，I2.0 动合触点闭合，升降气缸 1 处于上限位，I1.3 动合触点闭合，M2.1 接通瞬间 Q0.6 复位线圈接通
4	添加 M20.0、I2.1、I1.3、I1.4 动合触点；添加 Q0.0 置位线圈、M20.0 复位线圈，实现升降气缸 1 降下	 程序注释：推动气缸 1 处于缩回位且升降气缸 1 处于上限位时，动合触点 I2.1 和 I1.3 闭合，Q0.0 置位线圈接通，升降气缸 1 降下，当升降气缸 1 到达下限位，I1.4 动合触点闭合，M20.0 复位线圈接通
5	添加 I2.1、I1.4 动合触点、系统时钟脉冲 SM0.5、接通延时定时器 T37 动断触点；添加 T37 接通延时定时器、T37 动合触点；添加 Q1.0 输出线圈、M10.1 置位线圈、M10.2 置位线圈，实现检测指示灯以 1 s 为周期闪烁 3 s	 程序注释：当推动气缸 1 处于缩回位，升降气缸 1 到达下限位时，动合触点 I2.1 和 I1.4 闭合，接通延时定时器 T37 控制检测指示灯闪烁 3 s，3 s 后将 M10.1、M10.2 置位线圈接通（SM0.5 针对 1 s 的周期时间，接通 0.5 s，断开 0.5 s，实现检测指示灯以 1 s 为周期闪烁）

续表

序号	操作步骤	程序示意图及程序注释
6	添加 T37、I1.4、I2.1 动合触点及 Q0.0 复位线圈、M10.3 置位线圈，实现升降气缸 1 抬起	升降气缸抬起 T37　升降气缸1下限:I1.4　推动气缸1缩回位:I2.1　升降气缸1:Q0.0 (R) 升降气缸抬起过渡变量:M10.3 (S) 程序注释：3s 后 T37 动合触点接通，升降气缸 1 处于下限位且推动气缸 1 处于缩回位时，动合触点 I1.4 和 I2.1 接通，将 Q0.0 复位线圈接通，升降气缸 1 抬起，同时将 M10.3 置位线圈接通
7	添加 M10.3、I1.3、I2.1、I2.0 动合触点及 Q0.6 置位线圈、M10.3 复位线圈，实现推动气缸 1 伸出	推动气缸伸出 升降气缸抬起过渡变量:M10.3　升降气缸1上限:I1.3　推动气缸1缩回位:I2.1　推动气缸1:Q0.6 (S) 推动气缸1伸出位:I2.0　升降气缸抬起过渡变量:M10.3 (R) 程序注释：M10.3 动合触点处于接通状态，升降气缸 1 处于上限位且推动气缸 1 处于缩回位时，I1.3 和 I2.1 动合触点闭合，Q0.6 置位线圈接通，推动气缸 1 伸出；当推动气缸 1 处于伸出位时，I2.0 动合触点闭合，将 M10.3 复位线圈接通
8	添加 M10.1 动合触点，M10.0、Q1.5、T38 动断触点；添加接通延时定时器 T38、T38 动合触点、Q1.4 输出线圈、M10.2 复位线圈，实现检测结果指示灯红灯亮 3s	检测结果指示灯红灯亮 检测结果红灯高过渡变量:M10.1　机器人告知完成过渡变量:M10.0　绿色指示灯1:Q1.5　T38　红色指示灯1:Q1.4 T38 IN TON 30 PT 100 ms T38　检测结果绿灯高过渡变量:M10.2 (R) 程序注释：M10.1 动合触点处于接通状态，Q1.4 输出线圈接通，接通延时定时器 T38 延时 3s 后 T38 动断触点断开，实现红灯亮 3s，T38 动合触点闭合，同时 M10.2 复位线圈接通
9	添加 I2.0、I1.3、T38 动合触点及 Q12.4 置位线圈、M10.1 复位线圈，实现告知工业机器人继续执行后续动作	给工业机器人开始动作的信号 推动气缸1伸出位:I2.0　升降气缸1上限:I1.3　T38　告知工业机器人继续执行:Q12.4 (S) 检测结果红灯高过渡变量:M10.1 (R) 程序注释：3s 后 T38 常开触点闭合，推动气缸 1 处于伸出位且升降气缸 1 处于上限时，I2.0 和 I1.3 动合触点闭合，Q12.4 置位线圈接通，告知工业机器人继续执行后续动作，同时 M10.1 复位线圈接通
10	将 I3.0 动合触点并联到通过按钮启动的信号下面，并加入上升沿指令，实现通过工业机器人告知的放料完成信号启动流程	启动:I0.2 N 启动中间过渡变量:M2.1 ( ) 工业机器人告知放料完成:I3.0 P 升降气缸1降下过渡变量:M20.0 (S) 程序注释：当收到工业机器人告知芯片安装完成的信号时，I3.0 动合触点闭合，触点接通的瞬间将 M2.1 线圈接通，将 M20.0 置位线圈接通

续表

序号	操作步骤	程序示意图及程序注释
11	添加 I3.0 动合触点，上升沿指令，M10.0 置位线圈，实现通过工业机器人告知的放料完成信号置位中间变量 M10.0	工业机器人告知放料完成1:I3.0　　　　　　工业机器人告知完成过渡变量:M10.0 ├──┤ ├──────────────┤P├─────────────(S) 　　　　　　　　　　　　　　　　　　　　　　　　　　1 程序注释：当收到工业机器人告知芯片安装完成的信号时，I3.0 动合触点闭合，触点接通的瞬间将 M10.0 置位线圈接通
12	添加 M10.2 和 M10.0 动合触点，Q1.4 和 T39 动断触点；添加接通延时定时器 T39、T39 动合触点、Q1.5 输出线圈、M10.1 和 M10.2 复位线圈，实现检测结果指示灯绿灯亮 3 s	检测结果指示灯绿灯亮 检测结果绿灯亮过渡变量:M10.2　工业机器人告知完成过渡变量:M10.0　红色指示灯1:Q1.4　T39　　绿色指示灯1:Q1.5 ├──┤ ├──────────┤ ├──────────┤/├───┤/├──────( ) 　　　　　　　　　　　　　　　　　　　　　　　　　　　　　　　　　T39 　　　　　　　　　　　　　　　　　　　　　　　　　　　　　　　　IN　　TON 　　　　　　　　　　　　　　　　　　　　　　　　　30-PT　　　　100 ms 　　　　　　　　　　　　　T39　　　　　　检测结果绿灯亮过渡变量:M10.1 　　　　　　　　　　　　├──┤ ├─────────────────(R) 　　　　　　　　　　　　　　　　　　　　　　　　　　　　1 　　　　　　　　　　　　　　　　　　　　检测结果绿灯亮过渡变量:M10.2 　　　　　　　　　　　　　　　　　　　　　　　　　　(R) 　　　　　　　　　　　　　　　　　　　　　　　　　　　1 程序注释：当 M10.2、M10.0 动合触点闭合时，Q1.5 线圈接通，绿灯亮，接通延时定时器 T39 延时 3 s 后使 T39 动断触点断开，T39 动合触点闭合，将 M10.1 和 M10.2 复位线圈接通

2. 编写 PLC 初始化程序及主程序

安装检测工装单元开机后的初始状态如图 4-20 所示，升降气缸处于上位，推动气缸处于缩回位置。气缸为单作用气缸，即电磁阀不通电时其自身会保持一种位置状态，当电磁阀通电时它会变化到另一种位置状态。为了满足初始状态时 PCB 处于推出位置，需要通过初始化程序来保证这个状态。编写初始化程序和主程序的步骤见表 4-12。

图 4-20　安装检测工装单元开机后的初始状态

表 4-12　编写初始化程序和主程序的步骤

序号	操 作 步 骤	程序示意图及注释
1	在"程序块"下建立 PLC 初始化程序 Initialize(SBR0)	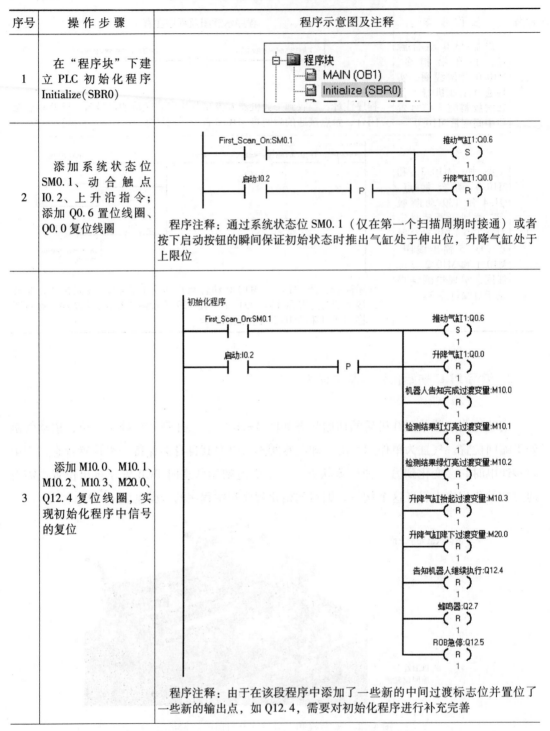
2	添加系统状态位 SM0.1、动合触点 I0.2、上升沿指令；添加 Q0.6 置位线圈、Q0.0 复位线圈	程序注释：通过系统状态位 SM0.1（仅在第一个扫描周期时接通）或者按下启动按钮的瞬间保证初始状态时推出气缸处于伸出位，升降气缸处于上限位
3	添加 M10.0、M10.1、M10.2、M10.3、M20.0、Q12.4 复位线圈，实现初始化程序中信号的复位	程序注释：由于在该段程序中添加了一些新的中间过渡标志位并置位了一些新的输出点，如 Q12.4，需要对初始化程序进行补充完善

续表

序号	操 作 步 骤	程序示意图及注释
4	编写主程序 Main（OB1） 　在主程序调用初始化程序 Initialize、安装检测单元动作程序 FTestAction，延用项目一中的安全防护程序 FSafety	初始化程序 Always_On:SM0.0　　急停:I0.0　　　　　　　Initialize EN 安装检测单元动作 Always_On:SM0.0　　急停:I0.0　　　　　　　FTestAction EN 安全防护程序 Always_On:SM0.0　　　　　　　FSafety EN

任务评价

任务评价见表 4-13。

表 4-13　任 务 评 价

评分类别	评分项目	评 分 内 容	配分	学生自评 ○	小组互评 △	教师评价 □
职业素养（20分）	规范"7S"操作（8分）	○ △ □　整理、整顿	2			
		○ △ □　清理、清洁	2			
		○ △ □　素养、节约	2			
		○ △ □　安全	2			
	进行"三检"工作（6分）	○ △ □　检查作业所需要的工具和设备是否完备	2			
		○ △ □　检查设备是否正常	2			
		○ △ □　检查工作环境是否安全	2			
	做到"三不"操作（6分）	○ △ □　操作过程工具不落地	2			
		○ △ □　操作过程不浪费材料	2			
		○ △ □　操作过程不脱安全帽	2			
职业技能（80分）	规划及编写安装检测工装单元动作程序（50分）的规划	○ △ □　正确配置 PLC 相关信号	5			
		○ △ □　正确完成操作面板上的气缸控制接线	5			
		○ △ □　正确完成安装检测工装单元动作程序	5			

续表

评分类别	评分项目	评 分 内 容	配分	学生自评 ○	小组互评 △	教师评价 □
职业技能（80分）	规划及编写安装检测工装单元动作程序（50分）	○ △ □　正确编程实现通过启动按钮启动工艺流程	5			
		○ △ □　正确编程实现推动气缸推出、缩回功能	5			
		○ △ □　正确编程实现升降气缸升降功能	5			
		○ △ □　正确编程实现检测指示灯以1 s为周期闪烁3 s	5			
		○ △ □　正确编程实现检测结果指示灯红灯、绿灯亮	5			
		○ △ □　正确编程实现能接收工业机器人安装芯片完成信号	5			
		○ △ □　正确编程实现告知工业机器人继续执行后续动作	5			
	编写PLC初始化程序及主程序（30分）	○ △ □　初始化程序包含对中间过渡标志位复位	6			
		○ △ □　初始化程序包含对程序中置位的线圈进行复位	6			
		○ △ □　初始化程序包含对蜂鸣器、急停信号的复位	6			
		○ △ □　初始化程序能保证安装检测工装单元处于初始调试状态	6			
		○ △ □　完成主程序的编写，应包含初始化程序、安装检测工装单元动作程序、安全防护程序	6			
合计			100			

注：依据得分条件进行评分，按要求完成在记录符号上（学生○、小组△、教师□）打√，未按要求完成在记录符号上（学生○、小组△、教师□）打×，并扣除对应分数。

任务5　调试仓储工作站程序

任务目标

1）能调试仓储工作站工业机器人程序。

2）能调试仓储工作站 PLC 程序。

3）能联合调试工业机器人与 PLC 程序。

完成仓储工作站整个工艺流程的调试。首先人工将未安装任何芯片的 A04 号 PCB 放置到安装检测工装单元的 1 号工位，并在异形芯片原料盘区合理布置芯片。按下启动按钮，PLC 启动第一次检测。检测完成后告知工业机器人开始后续动作：工业机器人取吸盘工具，移动至异形芯片原料盘区检测料盘空位，并记录空位信息，根据所记录的空位信息，略过异形芯片原料盘空位吸取芯片，按异形芯片原料盘上的编号顺序装入 A04 号 PCB，装配完成后告知 PLC，由 PLC 启动第二次检测。

1. 调试仓储工作站工业机器人程序

调试工业机器人顺序装配芯片程序的步骤见表 4-14。

表 4-14　调试工业机器人顺序装配芯片程序的步骤

序号	操 作 步 骤	示 意 图
1	布置异形芯片原料盘中的芯片	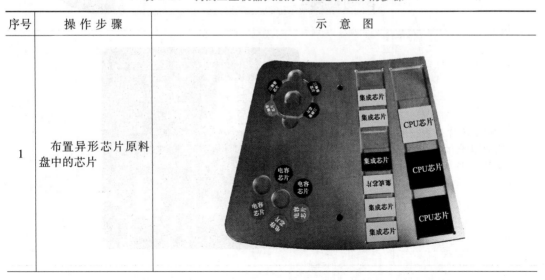

序号	操 作 步 骤	示　意　图
2	根据异形芯片原料盘中有无芯片的情况，手动为记录有无芯片的数组 ChipRawMark {26} 中的对应元素位赋值（有芯片的位置对应元素赋值为 1）	
3	在任务 3 中已完成工业机器人取放工具及检测料盘空位程序调试；将光标指针移动至例行程序 PStorageA04，按下示教器上的使能键及单步运行键对例行程序进行调试	
4	观察芯片是否按照预期顺序安装到 A04 号 PCB 中	

2. 调试仓储工作站 PLC 程序

在调试 PLC 程序前，需完成控制接线，根据任务 2 中 PLC I/O 信号配置完成操作面板上的气缸控制接线，通过 PLC 控制推动气缸 1 和升降气缸 1 的动作，以及限位开关上下限位信号的检测。使用蓝色插孔线将 DC0V、两个 M 插孔相连，使用红色插孔线将 DC24V、两个 L+ 相连，为气缸电磁阀及限位开关的电路供电；然后使用黄色插孔线将 Q0.0 与升降气缸 1 相连、Q0.6 与推动气缸 1 相连、I1.3 与升降气缸 1 上限位相连、I1.4 与升降气缸 1 下限位相连，如图 4-21 所示。调试 PLC 程序的步骤见表 4-15。

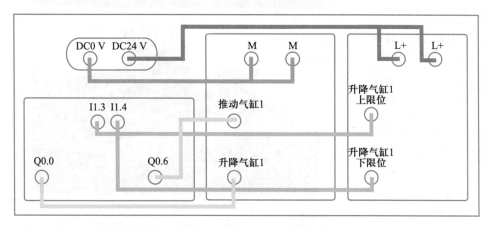

图 4-21　操作面板接线图

表 4-15　调试 PLC 程序的步骤

序号	操作步骤	示　意　图
1	调试 PLC 控制未装配芯片的 PCB 推入检测工位检测 　人工将未安装任何芯片的 A04 号 PCB 放置到安装检测工装单元 1 号安装工位	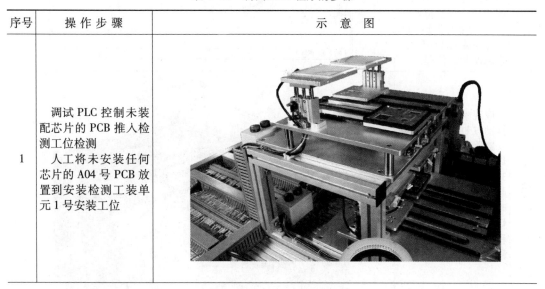

续表

序号	操 作 步 骤	示　意　图
2	按下启动按钮启动流程	
3	应观察到 PLC 控制 PCB 推入检测工位，升降气缸 1 降下，检测指示灯以 1 s 为周期闪烁 3 s，3 s 后升降气缸 1 升起，PCB 推出，同时检测结果指示灯红灯亮 3 s（如未按此流程动作则需修正 PLC 程序）	
4	调试 PLC 控制完成装配芯片的 PCB 推入检测工位检测 打开 PLC 中的状态图表，将 I3.0 信号强制为 1，即模拟收到工业机器人告知 PLC 芯片安装完成的信号，来启动 PLC 流程	
5	应观察到 PLC 控制推动气缸缩回，升降气缸降下，检测指示灯以 1 s 为周期闪烁 3 s，3 s 后升降气缸升起，电路板推出，同时检测结果指示灯绿灯亮 3 s（如未按此流程动作则需修正 PLC 程序）	

3. 联合调试工业机器人与 PLC 程序

联合调试工业机器人与 PLC 程序的步骤见表 4-16。

表 4-16　联合调试工业机器人与 PLC 程序的步骤

序号	操作步骤	示　意　图
1	示教器上光标移动至 main 主程序	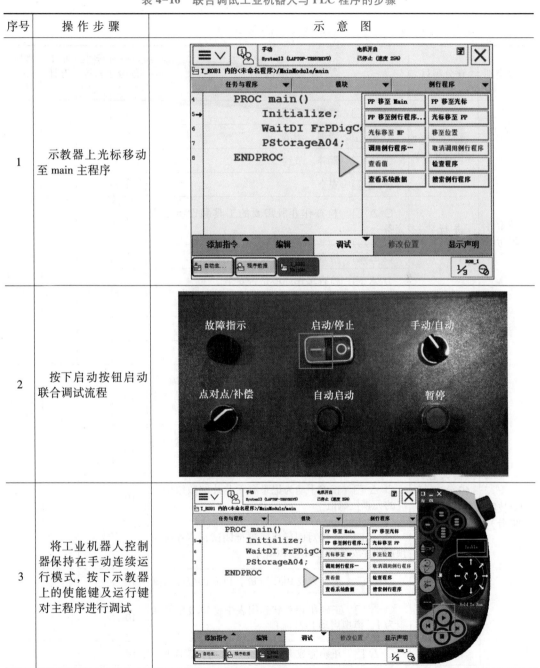
2	按下启动按钮启动联合调试流程	
3	将工业机器人控制器保持在手动连续运行模式,按下示教器上的使能键及运行键对主程序进行调试	

任务评价

任务评价见表4-17。

表4-17　任 务 评 价

评分类别	评分项目	评分内容	配分	学生自评 ○	小组互评 △	教师评价 □
职业素养（20分）	规范 "7S" 操作（8分）	○ △ □　整理、整顿	2			
		○ △ □　清理、清洁	2			
		○ △ □　素养、节约	2			
		○ △ □　安全	2			
	进行 "三检" 工作（6分）	○ △ □　检查作业所需要的工具和设备是否完备	2			
		○ △ □　检查设备是否正常	2			
		○ △ □　检查工作环境是否安全	2			
	做到 "三不" 操作（6分）	○ △ □　操作过程工具不落地	2			
		○ △ □　操作过程不浪费材料	2			
		○ △ □　操作过程不脱安全帽	2			
职业技能（80分）	调试仓储工作站工业机器人程序（40分）	○ △ □　正确完成工业机器人主程序的编写，包括初始程序、等待 PLC 发送的继续执行程序指令、流程程序	10			
		○ △ □　正确按要求布置异形芯片原料盘中的芯片	10			
		○ △ □　正确手动为记录有无芯片的数组中对应的元素位赋值	10			
		○ △ □　正确对例行程序进行调试，芯片按照预期顺序安装到 A04 号 PCB 中	10			
	调试仓储工作站 PLC 程序（30分）	○ △ □　正确完成 PLC 控制空 PCB 的模拟检测	10			
		○ △ □　正确在 PLC 状态图表中将 I3.0 信号强制为1，模拟启动 PLC 流程	10			
		○ △ □　正确完成 PLC 控制 PCB 的模拟检测	10			

续表

评分类别	评分项目	评分内容	配分	学生 自评 ○	小组 互评 △	教师 评价 □
职业技能 （80分）	联合调试 工业机器人 与 PLC 程序 （10 分）	○ △ □ 示教器上光标移动至主程序	2			
		○ △ □ 正确完成工业机器人与 PLC 程序的联合调试	8			
合计			100			

注：依据得分条件进行评分，按要求完成在记录符号上（学生○、小组△、教师□）打√，未按要求完成在记录符号上（学生○、小组△、教师□）打×，并扣除对应分数。

拓展任务 仓储工作站的人机交互控制

任务目标

1）会设计仓储工作站 HMI 流程选择界面。

2）会关联仓储工作站 HMI 与 PLC 变量。

3）会沿用已有程序。

4）会编写 PLC 程序和工业机器人程序。

任务内容

在原仓储工作站程序基础上加入 PCB 切换选择的功能，并设计符合功能要求的 HMI 界面。人工将 A04 号或 A05 号 PCB 放在安装检测工装单元的 1 号工位，在 HMI 界面上选择编号，可选范围为 A04 号 PCB 或 A05 号 PCB（图 4-22），单击HMI 界面上的启动按钮，启动仓储程序，完成仓储工作。

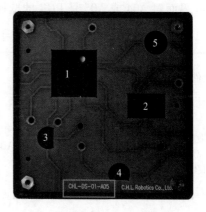

图 4-22 A05 号 PCB

任务实施

1. 规划程序结构

（1）沿用已有程序

工业机器人取工具程序（MGetTool3）、工业机器人放工具程序（MPutTool3）、检测异形芯片原料盘空位程序（MVaccumTest）、顺序装配芯片程序（MPutToA04），以及 PLC 控制安装检测工装单元动作的程序可以沿用之前编写的程序。

（2）新增点位、变量、信号

A05 号 PCB 上也有 5 个芯片位置，为 A05 号 PCB 建立一个数组 A05ChipPos{5}，用于存放芯片取放点位，见表 4-18，参考任务 3 中的方式对存放 A05 号 PCB 芯片的 5 个放置点位进行新建和示教。此外还需要编写顺序将芯片装入 A05 号 PCB 的工业机器人程序，该程序的编写方法详见下文。

表 4-18　A05 号 PCB 芯片取放点位数组

名　　称	功 能 描 述
A05ChipPos{5}	一维数组，存放 A05 号 PCB 芯片的 5 个放置点位

为了在 HMI 界面上实现两种 PCB 的选择，PLC 程序中需要补充与 HMI 界面之间的信号关联部分，工业机器人输入信号（PLC 输出信号）中还需要引入两个新的信号来接收 HMI 界面对 A04 或 A05 号 PCB 的选择情况，工业机器人输入信号见表 4-19。

表 4-19　工业机器人输入信号

硬件设备	端口号	名　称	功 能 描 述	对应设备	对应 PLC 信号端口
工业机器人 DSQC652 I/O 板（XS12）	0	FrPDigSelectA04	接收 PLC 选择 A04 号 PCB 的信号，值为 1 时表示 HMI 界面选择了 A04 号 PCB	PLC	Q12.0
	1	FrPDigSelectA05	接收 PLC 选择 A05 号 PCB 的信号，值为 1 时表示 HMI 界面选择了 A05 号 PCB	PLC	Q12.1

（3）规划工业机器人流程程序结构

建立 A05 号 PCB 对应的流程程序 PStorageA05，工业机器人根据 PLC 的 Q12.0 和

Q12.1 信号值来选择对应的程序，在主程序中加入"IF…ELSEIF"条件分支判断语句实现流程的选择切换，逻辑结构如图 4-23 所示。

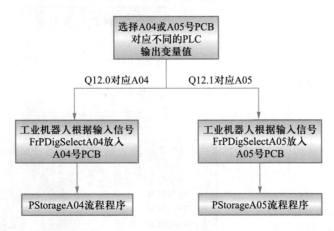

图 4-23　逻辑结构

（4）规划 PLC 程序结构

在原有 PLC 程序基础上需要加入用于和 HMI 之间实现信号通信的子程序 Communication，并通过主程序来调用该子程序。PLC 程序结构如图 4-24 所示。

图 4-24　PLC 程序结构

2. 设计 HMI 流程选择界面

HMI 界面上的元件地址及功能见表 4-20。设计 HMI 界面的步骤见表 4-21。

表 4-20　HMI 界面上的元件地址及功能

元　件	地址	功　能　描　述
项目选单	VB0	值为 1 时，表示 HMI 界面上已选择 A04 号 PCB；值为 2 时，表示 HMI 界面上已选择 A05 号 PCB
位状态切换开关	M0.1	值为 1 时，表示启动仓储工艺流程

表 4-21　设计 HMI 界面的步骤

序号	操作步骤	示　意　图
1	参考项目二拓展任务中 HMI 界面的设计方法，新增 PCB 选择界面，并添加"项目选单"功能	PCB 选择界面 A04 号 PCB A04 号 PCB A05 号 PCB
2	参考项目二拓展任务中 HMI 界面的设计方法，添加启动按钮	PCB 选择界面 A04 号 PCB A04 号 PCB A05 号 PCB 启动按钮

3. 编写 PLC 程序

在 HMI 编程软件中对界面上的控制变量进行了定义之后，需要在 PLC 中添加相同地址的变量，使 PLC 与 HMI 变量实现关联。HMI 变量添加至 PLC 程序的步骤见表 4-22。

表 4-22　HMI 变量添加至 PLC 程序的步骤

序号	操作步骤	程序示意图及注释
1	在 I0.2 动合触点下方并联 M0.1 动合触点，实现通过 HMI 界面上的启动按钮来启动流程	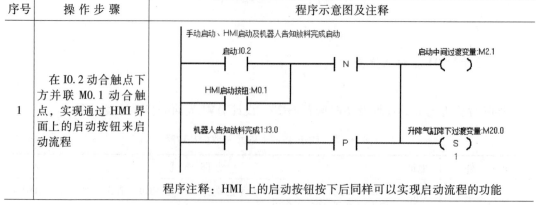 程序注释：HMI 上的启动按钮按下后同样可以实现启动流程的功能

续表

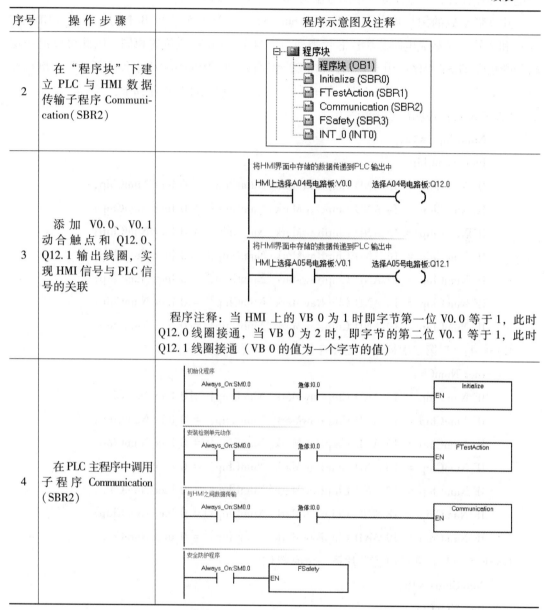

序号	操 作 步 骤	程序示意图及注释
2	在"程序块"下建立 PLC 与 HMI 数据传输子程序 Communication（SBR2）	
3	添加 V0.0、V0.1 动合触点和 Q12.0、Q12.1 输出线圈，实现 HMI 信号与 PLC 信号的关联	程序注释：当 HMI 上的 VB 0 为 1 时即字节第一位 V0.0 等于 1，此时 Q12.0 线圈接通，当 VB 0 为 2 时，即字节的第二位 V0.1 等于 1，此时 Q12.1 线圈接通（VB 0 的值为一个字节的值）
4	在 PLC 主程序中调用子程序 Communication（SBR2）	

4. 编写工业机器人程序

按照前文所述程序的结构，依次完成顺序装配芯片程序的改写、流程程序 PStorageA05 及主程序 main 的编写。

（1）改写顺序装配芯片程序 MPutToA05（num a）

根据观察发现 A05 号 PCB 与 A04 号 PCB 略有不同，其中有两个三极管芯片位置，1

个电容芯片位置，参考任务 3 中的方法为 A05 号 PCB 编号。

建立带参数的例行程序 MPutToA05(num a)，由于 A05 号 PCB 上的 1 号位（CPU 芯片）和 2 号位（集成电路芯片）芯片类型与 A04 号 PCB 对应位置相同，因此可以沿用逻辑判断指令 TEST 程序段中 CASE1、CASE2 程序段，将 MPutToA04 中程序复制到该例行程序中，对 CASE3、CASE4、CASE5 程序段进行修改，修改部分程序如下：

CASE 3：!! 检测出三极管芯片第一个有料位

    NumChip：= 12；

    Incr NumChip；

    IF NumChip = 13 AND ChipRawMark{NumChip} = 0 Incr NumChip；

    IF NumChip = 14 AND ChipRawMark{NumChip} = 0 Incr NumChip；

    IF NumChip = 15 AND ChipRawMark{NumChip} = 0 Incr NumChip；

    IF NumChip = 16 AND ChipRawMark{NumChip} = 0 Incr NumChip；

    IF NumChip = 17 AND ChipRawMark{NumChip} = 0 Incr NumChip；

    IF NumChip = 18 AND ChipRawMark{NumChip} = 0 Incr NumChip；

    IF NumChip = 19 AND ChipRawMark{NumChip} = 0 Incr NumChip；

CASE 4：!! 第二次检测出三极管芯片第一个有料位

    Incr NumChip；

    IF NumChip = 13 AND ChipRawMark{NumChip} = 0 Incr NumChip；

    IF NumChip = 14 AND ChipRawMark{NumChip} = 0 Incr NumChip；

    IF NumChip = 15 AND ChipRawMark{NumChip} = 0 Incr NumChip；

    IF NumChip = 16 AND ChipRawMark{NumChip} = 0 Incr NumChip；

    IF NumChip = 17 AND ChipRawMark{NumChip} = 0 Incr NumChip；

    IF NumChip = 18 AND ChipRawMark{NumChip} = 0 Incr NumChip；

    IF NumChip = 19 AND ChipRawMark{NumChip} = 0 Incr NumChip；

CASE 5：!! 检测出电容芯片第一个有料位

    NumChip：= 19；

    Incr NumChip；

    IF NumChip = 20 AND ChipRawMark{NumChip} = 0 Incr NumChip；

    IF NumChip = 21 AND ChipRawMark{NumChip} = 0 Incr NumChip；

    IF NumChip = 22 AND ChipRawMark{NumChip} = 0 Incr NumChip；

    IF NumChip = 23 AND ChipRawMark{NumChip} = 0 Incr NumChip；

    IF NumChip = 24 AND ChipRawMark{NumChip} = 0 Incr NumChip；

    IF NumChip = 25 AND ChipRawMark{NumChip} = 0 Incr NumChip；

    IF NumChip = 26 AND ChipRawMark{NumChip} = 0 Incr NumChip；

工业机器人吸取芯片及装入 A05 号 PCB 的动作程序也与之前的程序段相同，只需将 A04ChipPos{5}替换为 A05ChipPos{5}，修改部分如下：

MoveJ Offs(A05ChipPos{a} ,0,0,30), v1000, z20, tool0;

MoveL Offs(A05ChipPos{a} ,0,0,20), v20, fine, tool0;

MoveL A05ChipPos{a} , v20, fine, tool0;

WaitTime 0. 5;

Reset ToTDigSucker1;

WaitTime 0. 5;

MoveL Offs(A05ChipPos{a} ,0,0,20), v20, fine, tool0;

MoveL Offs(A05ChipPos{a} ,0,0,50), v20, z20, tool0;

（2）建立流程程序 PStorageA05

建立流程程序 PStorageA05 后，在其中调用取工具程序、检测异形芯片原料盘空位程序、顺序装配芯片程序、告知 PLC 放料完成信号及放工具程序，对应程序如下：

PROC PStorageA05( )

　　　MGetTool3;

　　　MVaccumTest;

　　　MPutToA05 1;

　　　MPutToA05 2;

　　　MPutToA05 3;

　　　MPutToA05 4;

　　　MPutToA05 5;

　　　Set ToPDigPutFinish;

　　　WaitTime 0. 2;

　　　Reset ToPDigPutFinish;

　　　MPutTool3;

ENDPROC

（3）编写工业机器人主程序 main

在工业机器人主程序中加入条件选择分支，并分别调用流程程序 PStorageA04 和 PStorageA05，主程序如下：

PROC main( )

　　　Initialize;

　　　WaitDI Continue, 1;

　　　IF FrPDigSeletA04 = 1 THEN

```
        PStorageA04;
    ELSEIF FrPDigSelectA05 = 1 THEN
        PStorageA05;
    ENDIF
ENDPROC
```

任务评价

任务评价见表 4-23。

表 4-23 任 务 评 价

评分类别	评分项目	评分内容		配分	学生自评 ○	小组互评 △	教师评价 □
职业素养（20分）	规范"7S"操作（8分）	○ △ □	整理、整顿	2			
		○ △ □	清理、清洁	2			
		○ △ □	素养、节约	2			
		○ △ □	安全	2			
	进行"三检"工作（6分）	○ △ □	检查作业所需要的工具和设备是否完备	2			
		○ △ □	检查设备是否正常	2			
		○ △ □	检查工作环境是否安全	2			
	做到"三不"操作（6分）	○ △ □	操作过程工具不落地	2			
		○ △ □	操作过程不浪费材料	2			
		○ △ □	操作过程不脱安全帽	2			
职业技能（80分）	程序规划（24分）	○ △ □	正确口述或书写沿用前文的程序	6			
		○ △ □	正确完成新增点位、变量、信号的规划	6			
		○ △ □	正确完成工业机器人流程程序的结构规划	6			
		○ △ □	正确完成 PLC 程序的结构规划	6			

续表

评分类别	评分项目	评分内容	配分	学生自评 ○	小组互评 △	教师评价 □
职业技能（80分）	设计 HMI 流程选择界面（18分）	○ △ □　正确对 HMI 界面上的元件地址进行规划	6			
		○ △ □　正确添加 PCB 选择功能	6			
		○ △ □　正确添加启动按钮	6			
	PLC 程序的编写（18分）	○ △ □　正确改写 PLC 程序，添加 HMI 界面上的启动按钮控制流程启动功能	6			
		○ △ □　正确完成 PLC 与 HMI 数据传输子程序的编写	6			
		○ △ □　正确完成 PLC 主程序的编写，包括初始化程序、安装检测工装单元动作程序、与 HMI 之间数据传输程序、安全防护程序	6			
	工业机器人程序的编写（20分）	○ △ □　正确完成顺序装配芯片程序的改写	6			
		○ △ □　正确完成流程程序的编写，其中调用了取工具程序、检测料盘空位程序、顺序装配芯片程序、告知 PLC 放料完成信号及放工具程序	7			
		○ △ □　正确完成主程序的编写，在主程序中加入条件选择分支，并分别调用流程程序 PStorageA04 和 PStorageA05	7			
合计			100			

注：依据得分条件进行评分，按要求完成在记录符号上（学生○、小组△、教师□）打√，未按要求完成在记录符号上（学生○、小组△、教师□）打×，并扣除对应分数。

知 识 链 接

压力开关的查看及调节方法

1. 认识压力开关

压力开关采用高精度、高稳定性能的压力传感器和变送电路，再经专用 CPU 模块化信号处理，实现对介质压力信号的检测、显示、报警和控制信号输出。

压力开关广泛用于石油、化工、冶金、电力、供水等领域中对各种气体、液体的表压力、绝对压力的测量控制。压力开关分为机械式压力开关和电子式压力开关,本项目中使用的压力开关为电子式压力开关,当它检测到吸盘工具吸取了芯片时,会将输出信号反馈给工业机器人。

仓储工作站中使用的压力开关上的按键及背部接口如图 4-25 所示。

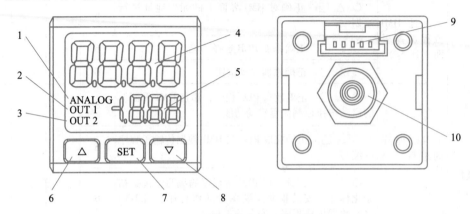

图 4-25 压力开关按键及背部接口

1—类比输出指示灯;2—输出通道一数位开关信号输出指示灯;3—输出通道二数位开关信号输出指示灯;

4—当前压力值;5—设定压力值;6—向上调整键;7—设定功能键;

8—向下调整键;9—电源和输出信号端子;10—压力输入

压力开关有两路输出通道 OUT1 和 OUT2,用于信号的输出,输出通道信号端子如图 4-26 所示,实际接线中只用到了输出通道一,当输出通道一有信号输出时,对应的 OUT1 数位开关信号指示灯会亮起。

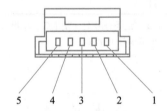

图 4-26 压力开关输出信号端子

1—电源正端输入;2—输出通道一(数位输出信号);3—输出通道二(数位输出信号);

4—类比输出信号;5—电源负端输入

压力开关初次使用前需要进行模式设定,一般情况下选择简易设定模式,在该模式下,当前压力值小于设定压力值时输出为 0,当前压力值大于设定压力值时,输出为 1。该输出结果并非最终的实际信号输出结果,最终的信号输出结果由压力开关内部预先设定好的两种输出状态 N.O(动合)或 N.C(动断)来决定。当选择了 N.O(动合)输出状态,通过当前压力值与设定压力值的比较,如果通道输出为 1,最终实际输出信号为 1;如果通道输出为 0,最终实际输出信号为 0。当选择了 N.C(动断)输出状态,则相反。

2. 查看及设置压力开关

查看及设置压力开关的步骤见表 4-24。

表 4-24　查看及设置压力开关的步骤

序号	操作步骤	示　意　图
1	当真空单吸盘工具处于关闭状态时，观察到当前压力输出测量值显示红色，读数为 23.8 kPa	
2	在吸盘未吸取芯片的情况下，强制置位吸盘工具打开关闭信号 ToTDigSucker1 打开吸盘工具，此时可以观察到压力输出测量值显示红色，读数为 -25.2 kPa	
3	手动操纵工业机器人移动到有料位置吸取一个芯片	

序号	操 作 步 骤	示 意 图
4	压力输出测量值读数为-46.8 kPa	
5	设置合理的设定压力值 通过调节压力开关向上、向下按钮可以调节设定压力值。设定压力值需要在吸到物料和未吸到物料状态对应值的区间范围内，本项目中压力设定值为-46.8~-25.2 kPa，例如-44.9 kPa	设定压力值 向上按钮 向下按钮

3. 设置压力开关的输出状态

压力开关输出状态设置步骤见表4-25。

表4-25 压力开关输出状态设置步骤

序号	操 作 步 骤	示意图及注释
1	长按中间 SET 键进入输出通道—简易设置界面，通过左右的上下键选择 "EASY ot1" 简易模式输出1	

续表

序号	操作步骤	示意图及注释
2	按 3 次 SET 键进入"输出通道一、输出通道二信号激活状态设置",通过上下键选择输出通道一为 N.C,输出通道二为 N.O,显示"1C 2o"	注释:仓储工作站只用到输出通道一,将输出通道一设置为 N.C 用于实现输出信号的跳变,当前压力值小于设定压力值时,输出为 0,由于选择了 N.C 输出状态,系统会对该信号状态取反,最终输出信号为 1
3	第 4 次按 SET 键进入输出反应时间设定,使用默认设置	
4	第 5 次按 SET 键,进入当前压力值颜色显示设置,通过上下键进行切换,使有信号输出时显示绿色,无信号输出时显示红色	注释:当前压力值小于设定压力值时橙色指示灯变为绿色数值,当前压力值大于设定压力值时橙色指示灯显示红色数值

续表

序号	操 作 步 骤	示意图及注释
5	第 6 次按 SET 键设定压力测量值，通过上下键切换到单位为 MPa，设置完成后长按 SET 键退出	

项目五
工业机器人分拣工作站的应用实训

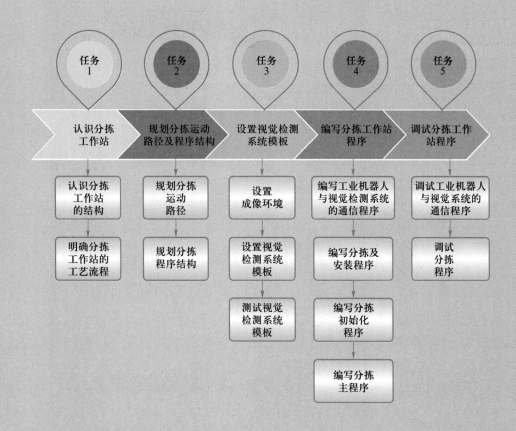

任务1 认识分拣工作站
- 认识分拣工作站的结构
- 明确分拣工作站的工艺流程

任务2 规划分拣运动路径及程序结构
- 规划分拣运动路径
- 规划分拣程序结构

任务3 设置视觉检测系统模板
- 设置成像环境
- 设置视觉检测系统模板
- 测试视觉检测系统模板

任务4 编写分拣工作站程序
- 编写工业机器人与视觉检测系统的通信程序
- 编写分拣及安装程序
- 编写分拣初始化程序
- 编写分拣主程序

任务5 调试分拣工作站程序
- 调试工业机器人与视觉系统的通信程序
- 调试分拣程序

引言

随着自动化水平的不断提升，越来越多的工厂已采用工业机器人代替工人来完成产品的分拣工作，这大大提升了生产效率。

工业机器人要完成分拣工作就需要像人类一样拥有一双"具有辨识能力的眼睛"，机器视觉能为工业机器人添上这样一双"眼睛"。机器视觉利用计算机来模拟人的视觉功能，从客观事物的图像中提取信息，并对信息加以处理，最终用于实际检测。目前，工业机器人的视觉分拣系统普遍采用摄像头采集图像，通过识别物料的外观特征，与视觉系统中设定的模板进行对比，从而完成物料分拣。

本项目的分拣工作站用于分拣不同形状及颜色的芯片，其功能为：工业机器人从异形芯片原料盘拾取芯片，将其移动至视觉单元完成检测工作，将不符合要求的芯片放置到芯片回收料盘，而将形状和颜色都符合要求的芯片安装到 A05 号 PCB 上。

拓展任务是在 CPU 芯片和集成芯片已装入 A05 号 PCB 的基础上，通过编写 HMI 程序实现三极管芯片和电容芯片的选择，工业机器人会将选择的元件装入 A05 号 PCB，然后完成模拟产品检测、安装并固定 PCB 盖板，最后将成品放入成品区。

学习目标	1）认识分拣工作站的结构，明确分拣的工艺流程。
	2） 能合理规划分拣运动路径和程序结构。
	3）会编写并测试视觉系统检测程序。
	4）会编写并调试分拣程序。
	5）能根据分拣工作站的人机交互控制要求编写 PLC 及工业机器人程序，并联合调试。
	6）认识视觉系统的工作原理及视觉检测结果的获取方式。

任务 1　认识分拣工作站

任务目标

1) 认识分拣工作站的结构。
2) 明确分拣工作站的工艺流程。

任务内容

分拣工作站利用视觉检测系统检测芯片的颜色、形状、位置等信息，将芯片准确地安装到 PCB 上，并完成产品检测、安装和固定 PCB 盖板等工作，最后将成品放入成品区，其中芯片的抓取动作由工业机器人来完成。

任务实施

1. 认识分拣工作站的结构

分拣工作站主要完成 PCB 上不同芯片的安装工作，芯片的识别利用视觉检测系统完成。图 5-1 所示为分拣工作站中的芯片，每种芯片都有不同的形状和颜色。视觉检测系统通过检测形状、颜色等信息进行芯片识别。

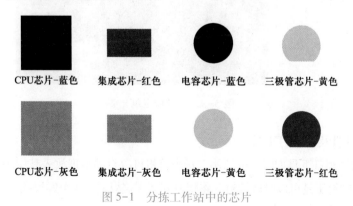

图 5-1　分拣工作站中的芯片

分拣工作站的整体结构如图 5-2 所示，包括工业机器人、吸盘工具、压力开关、料架、安装检测工装单元、视觉检测单元、送螺钉机及旋紧螺钉工具。

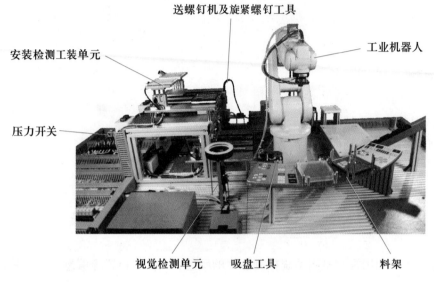

图 5-2 分拣工作站整体结构

（1）视觉检测单元

视觉检测单元包括视觉控制器、光源、相机和镜头，如图 5-3 所示，视觉检测单元对工业机器人运送至该单元的芯片进行颜色、形状、位置等信息的检测和提取。

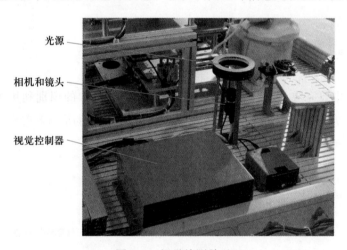

图 5-3 视觉检测单元

（2）送螺钉机及锁螺钉工具

送螺钉机及锁螺钉工具如图 5-4 所示。送螺钉机可以自动整理放入其中的螺钉并将螺钉送到吸取位置。锁螺钉工具可以吸取螺钉并将螺钉安装到盖板上的 4 个螺纹孔中，如图 5-5所示。

放螺钉位置

送螺钉机

吸螺钉位置

旋紧螺钉工具

图 5-4 送螺钉机及锁螺钉工具

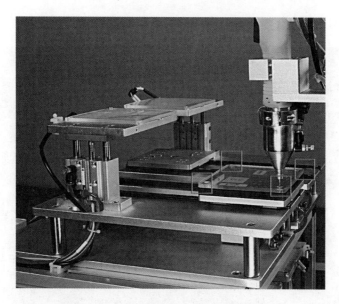

图 5-5 安装螺丝至盖板上的 4 个螺纹孔

料架的组件及功能在项目四中已详细介绍，此处不再赘述。

2. 明确分拣工作站的工艺流程

（1）放置 PCB 及芯片

人工将未安装任何芯片的 A05 号 PCB 放置到安装检测工装单元 1 号安装工位上，如图 5-6 所示。

将 4 种芯片放置在异形芯片原料盘对应区域，每个区域均包含两种颜色的同种芯片，原料盘不设置空位，但在 CPU 芯片区域中掺杂了一些集成芯片。此为启动分拣工作站工

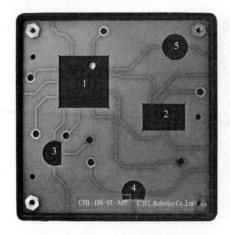

图 5-6 A05 号 PCB 放置到安装检测工装单元 1 号安装工位上

艺流程程序前的初始状态，如图 5-7 所示。

图 5-7 初始状态

（2）视觉检测及分拣

工业机器人按照项目四任务 1 中异形芯片原料盘上的编号按顺序逐个吸取 CPU 芯片区域的芯片，将其运送至视觉检测单元进行检测，如图 5-8 所示。视觉检测单元能分拣出掺杂入 CPU 芯片中的其他芯片，放置到异形芯片回收料盘，并将检测通过的 CPU 芯片准确地装入 A05 号 PCB 对应的位置。同样从集成芯片区域、三极管芯片区域和电容芯片区域拾取芯片，通过视觉检测单元进行颜色检测，将检测出的两个黄色三极管芯片和一个黄色电容芯片准确地装入 A05 号 PCB 对应的位置，图 5-9 所示为安装完芯片后的 A05

号 PCB。

图 5-8　机器人将 CPU 芯片运送至视觉检测单元进行检测

图 5-9　安装完芯片后的 A05 号 PCB

任务评价

任务评价见表 5-1。

表 5-1 任 务 评 价

评分类别	评分项目	评分内容	配分	学生自评 ○	小组互评 △	教师评价 □
职业素养（20分）	规范 "7S" 操作（8分）	○ △ □ 整理、整顿	2			
		○ △ □ 清理、清洁	2			
		○ △ □ 素养、节约	2			
		○ △ □ 安全	2			
	进行 "三检" 工作（6分）	○ △ □ 检查作业所需要的工具和设备是否完备	2			
		○ △ □ 检查设备是否正常	2			
		○ △ □ 检查工作环境是否安全	2			
	做到 "三不" 操作（6分）	○ △ □ 操作过程工具不落地	2			
		○ △ □ 操作过程不浪费材料	2			
		○ △ □ 操作过程不脱安全帽	2			
职业技能（80分）	分拣工作站的组成（40分）	○ △ □ 正确口述或书写分拣工作站的整体硬件组成	10			
		○ △ □ 正确口述或书写视觉检测单元的组成和功能	10			
		○ △ □ 正确口述或书写送螺钉机和锁螺钉工具的功能	10			
		○ △ □ 正确口述或书写异形芯片包含的颜色种类	10			
	分拣工作站的工艺流程（40分）	○ △ □ 正确放置空 A05 号 PCB	5			
		○ △ □ 正确布置芯片	5			
		○ △ □ 正确口述或书写视觉检测和分拣工艺流程	10			
		○ △ □ 正确口述或书写 CPU 芯片分拣及安装工艺流程	5			
		○ △ □ 正确口述或书写集成芯片安装工艺流程	5			
		○ △ □ 正确口述或书写三极管芯片分拣及安装工艺流程	5			
		○ △ □ 正确口述或书写电容芯片分拣及安装工艺流程	5			
合计			100			

注：依据得分条件进行评分，按要求完成在记录符号上（学生○、小组△、教师□）打√，未按要求完成在记录符号上（学生○、小组△、教师□）打×，并扣除对应分数。

任务 2 规划分拣运动路径及程序结构

1）能合理规划分拣运动路径。

2）能合理规划分拣程序结构。

3）能合理规划工业机器人的 I/O 信号。

任务内容

完成分拣运动路径、程序结构及 I/O 信号的规划。工业机器人从工作原点运动到拾取吸盘工具位置进行吸盘工具的装载，随后运动到异形芯片原料盘，吸取 CPU 芯片区域的芯片，将其移至视觉检测单元进行检测，如为集成芯片，则放入异形芯片回收料盘，如为 CPU 芯片，则放回原位。完成 CPU 芯片分拣后，工业机器人到异形芯片原料盘区依次吸取一片 CPU 芯片、一片集成芯片，安装到 A05 号 PCB 的 1 号、2 号位置。然后，工业机器人移动到异形芯片原料盘，利用视觉检测单元检测三极管芯片和电容芯片的颜色，在 A05 号 PCB 的 3~5 号位置依次放置两个黄色的三极管芯片和一个黄色电容芯片，如果不是黄色芯片，则放回原位。完成所有芯片的安装后，分拣流程结束。工业机器人将吸盘工具放回工具存放位置，回到工作原点。

任务实施

1. 规划分拣运动路径

分析分拣工作站的工艺流程，规划分拣运动路径如下：

1）工业机器人从工作原点 Home5 运动到拾取吸盘工具位置，进行吸盘工具的装载。取放吸盘工具的程序可以沿用项目四任务 3 中的取放吸盘工具程序。

2）工业机器人运动到异形芯片原料盘，依照芯片编号依次吸取 CPU 芯片区域的芯片，将其移至视觉检测单元进行检测，如为集成芯片，则放入异形芯片回收料盘，如为 CPU 芯片，则放回原位。

3）工业机器人吸取第一个检测结果为 CPU 芯片的芯片，安装到 A05 号 PCB 的 1 号位置。

4）工业机器人移动到集成芯片区域，吸取第一个集成芯片并装入 A05 号 PCB 的 2 号位置。

5）工业机器人移动到异形芯片原料盘三极管芯片区域，依照芯片编号依次吸取三极管芯片，将其移至视觉检测单元检测颜色，如为黄色，将芯片装入 A05 号 PCB 3 号位置，如不是黄色，则放回原位。工业机器人再次移动到异形芯片原料盘三极管芯片区域，依照芯片编号依次吸取三极管芯片，将其移至视觉检测单元检测颜色，如为黄色，将芯片装入 A05 号 PCB 4 号位置，如不是黄色，则放回原位。

6）工业机器人移动到异形芯片原料盘电容芯片区域，依照芯片编号吸取电容芯片，将其移至视觉检测单元检测颜色，如为黄色，将芯片装入 A05 号 PCB 5 号位置，如不是黄色，则放回原位。

7）完成电容芯片的安装后，分拣流程结束。工业机器人将吸盘工具放回工具存放位置，回到 Home5 点。

工业机器人分拣路径轨迹点位、坐标系及变量见表 5-2。

表 5-2 工业机器人分拣路径轨迹点位、坐标系及变量

名　称		功 能 描 述
工业机器人空间轨迹点	Home5	工业机器人工作原点
	Tool3G	取吸盘工具点位
	Tool3P	放吸盘工具点位
	Area0401W	视觉检测点位
	WastePos{4}	一维数组，存放异形芯片回收料盘上的 4 个芯片放置点位
	ChipRawPos{26}	一维数组，存放异形芯片原料盘的 26 个芯片取放点位
	A05ChipPos{5}	一维数组，存放 A05 号 PCB 上芯片的 5 个放置点位
工具坐标系	tool0	默认 TCP（法兰盘中心）
变量	ChipCPUMark{4}	标记分拣后异形芯片原料盘 CPU 芯片区域存放情况
	NumChipArea1	CPU 芯片位置编号
	NumChipArea2	集成芯片位置编号
	NumChipArea3	三极管芯片位置编号
	NumChipArea4	电容芯片位置编号

2. 规划分拣程序结构

根据分拣工作站的工艺流程及分拣运动路径的规划，将分拣程序划分为 3 个程序模块，包括主程序模块、应用程序模块、点位变量定义模块，分拣程序结构如图 5-10 所示。主程序模块包括初始化程序 Initialize 和主程序 Main；应用程序模块包括分拣工作站的流程程序 PSortA05，该流程程序由若干个子程序组成，每个子程序具有自己单独的功能；点位变量定义模块 Definition 用于声明并保存工业机器人的空间轨迹点位，便于后续程序直接调用，该模块还定义了程序中使用到的变量。

图 5-10　分拣程序结构

各个子程序的功能介绍如下：

1）MGetTool3：用于实现工业机器人装载吸盘工具。

2）MSortA05：为带参数的例行程序，通过连续调用 5 次该程序实现工业机器人按照形状和颜色分拣芯片，安装到 A05 号 PCB 上。

3）MPutTool3：用于实现机器人放回吸盘工具。

4）CVision：为带参数的例行程序，用于工业机器人与视觉系统通信，被分拣程序 MSortA05 调用，实现工业机器人控制视觉系统切换场景、拍照。

（1）规划工业机器人 I/O 信号

工业机器人与 PLC、末端工具、压力开关间存在信号通信，工业机器人输入输出信号的规划见表5-3。

表5-3　工业机器人输入输出信号规划

信号	硬件设备	端口号	名　称	功能描述	对应设备	对应视觉控制器信号
工业机器人输出信号	工业机器人DSQC652 I/O 板（XS14）	3	ToTDigVaccumOff	破除真空信号，值为1时气源送气破除气管内真空，值为0时不动作	电磁阀	/
		7	ToTDigQuickChange	快换装置动作信号，值为1时工业机器人快换装置内的钢珠缩回；值为0时工业机器人快换装置内的钢珠弹出	工业机器人快换装置	/
	工业机器人DSQC652 I/O 板（XS15）	9	ToTDigSucker1	真空单吸盘工具打开关闭信号，值为1时真空单吸盘打开；值为0时真空单吸盘关闭	吸盘工具	/
		10	ToCDigPhoto	请求视觉检测系统拍照信号，值为1时请求视觉系统进行拍照	视觉检测系统	STEP0（测量执行位）：执行测量时打开的信号
		11	ToCGroData	视觉检测系统场景切换组信号，值为1、3、4时分别切换到场景1-CPU芯片形状检测、3-三极管芯片颜色检测、4-电容芯片颜色检测	视觉检测系统	DI0：从并行接口获取的输入信号
		12				DI1：从并行接口获取的输入信号
		13				DI2：从并行接口获取的输入信号
		15	ToCDigAffirm	场景确认信号，值为1时确认视觉系统已选择指定场景	视觉检测系统	DI7：从并行接口获取的输入信号
工业机器人输入信号	工业机器人DSQC652 I/O 板（XS12）	5	FrPDigEmergencyStop	急停信号，值为1时工业机器人急停	PLC	Q12.5
	工业机器人DSQC652 I/O 板（XS13）	9	FrTDigVacSen1	真空单吸盘吸到料信号，值为1时表示单吸盘已吸到芯片；值为0时表示单吸盘未吸到芯片	压力开关	/

续表

信号	硬件设备	端口号	名　称	功能描述	对应设备	对应视觉控制器信号
工业机器人输入信号	工业机器人DSQC652 I/O 板（XS13）	13	FrCDigCCDOK	视觉 OK 信号，值为 1 时表示视觉检测结果 OK，值为 0 时表示视觉检测结果 NG	视觉检测系统	OR（综合判定结果输出信号）：通知综合判定结果的信号
		14	FrCDigCCDFinish	视觉检测完成信号，值为 1 时表示视觉检测完成	视觉检测系统	GATE（数据输出结束信号）：本信号为 ON 时表示处于可输出数据的状态

（2）规划分拣主程序

通过主程序调用初始化程序及应用程序中的一系列子程序，按照时间先后顺序执行这些子程序，从而完成整个分拣工艺流程。

工业机器人分拣主程序如下：

```
PROC main( )
        Initialize;!! 初始化程序
        PSortA05;!! 流程程序
ENDPROC
```

任务评价

任务评价见表 5-4。

表 5-4　任 务 评 价

评分类别	评分项目	评 分 内 容	配分	学生自评 ○	小组互评 △	教师评价 □
职业素养（20 分）	规范"7S"操作（8 分）	○ △ □　整理、整顿	2			
		○ △ □　清理、清洁	2			
		○ △ □　素养、节约	2			
		○ △ □　安全	2			

续表

评分类别	评分项目	评分内容	配分	学生自评 ○	小组互评 △	教师评价 □
职业素养（20分）	进行"三检"工作（6分）	○ △ □ 检查作业所需要的工具和设备是否完备	2			
		○ △ □ 检查设备是否正常	2			
		○ △ □ 检查工作环境是否安全	2			
	做到"三不"操作（6分）	○ △ □ 操作过程工具不落地	2			
		○ △ □ 操作过程不浪费材料	2			
		○ △ □ 操作过程不脱安全帽	2			
职业技能（80分）	规划分拣运动路径（40分）	○ △ □ 完成工业机器人分拣运动路径规划	10			
		○ △ □ 完成工业机器人分拣路径轨迹点位规划	10			
		○ △ □ 完成工业机器人分拣路径坐标系规划	10			
		○ △ □ 完成工业机器人分拣程序变量规划	10			
	规划机器人程序（40分）	○ △ □ 完成工业机器人程序整体结构规划	15			
		○ △ □ 完成工业机器人I/O信号规划	15			
		○ △ □ 完成工业机器人主程序规划	10			
合计			100			

注：依据得分条件进行评分，按要求完成在记录符号上（学生○、小组△、教师□）打√，未按要求完成在记录符号上（学生○、小组△、教师□）打×，并扣除对应分数。

任务3 设置视觉检测系统模板

任务目标

1）会设置视觉成像环境。

2）会设置视觉检测系统模板。

3）会测试视觉检测系统模板的功能。

4）认识视觉检测系统的工作原理。

任务内容

利用视觉检测系统完成对 CPU 芯片和集成芯片的形状检测，以及对三极管芯片和电容芯片的颜色检测。视觉检测系统利用摄像头采集图像，识别芯片的形状或颜色特征并与视觉检测系统中所设定的模板进行对比，从而完成芯片的检测。视觉检测前需设置好成像环境；然后设置 CPU 芯片形状检测模板，位于场景 1 中，之后设置三极管芯片和电容芯片的颜色检测模板，分别位于场景 2 和场景 3 中。完成视觉检测系统模板的设置后，就可以为后续芯片检测提供对比模板。

任务实施

1. 设置成像环境

设置成像环境的步骤见表 5-5。

表 5-5　设置成像环境的步骤

序号	操 作 步 骤	示 意 图
1	接通设备操作台上的 OMRON 视觉系统电源，进入视觉系统操作界面 手动操纵工业机器人吸取 CPU 芯片，移动到视觉检测单元（吸取点位使用项目四程序中记录的点位）	

续表

序号	操作步骤	示 意 图
2	在视觉系统操作界面单击"场景切换"，选择场景组 Scene group 0，新建场景 1	
3	单击左上角的"与流程显示连动"按钮，"图像模式"选择"相机图像 动态"，完成设置后就可以显示相机拍摄场景	
4	观察屏幕中 CPU 芯片的大小和位置是否合适，如果不合适需要操纵工业机器人调节检测位置。取下吸盘工具上的 CPU 芯片，换成集成芯片、电容芯片、三极管芯片，观察它们在屏幕中的大小和位置是否合适，并做类似调整，保证所有芯片在屏幕中的成像大小合适、位置居中，最后使吸盘工具重新吸取 CPU 芯片	

序号	操作步骤	示　意　图
5	右图中旋钮用于调节光源亮度，刻度数字越大光源亮度越亮。调节光源亮度和相机焦距、光圈，使屏幕中的成像清晰，亮度适中	 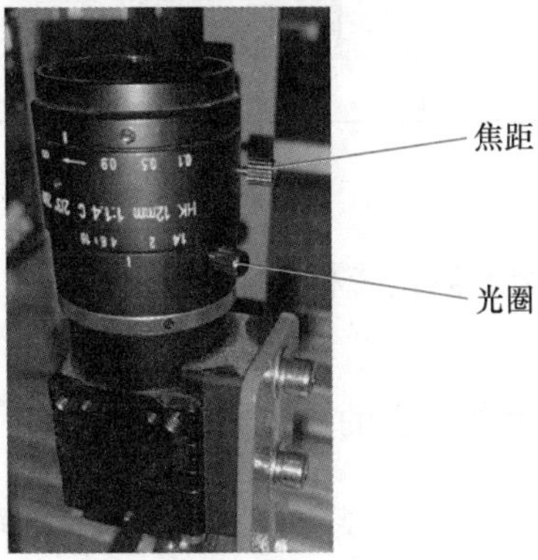 焦距 光圈
6	光源、相机镜头调节完毕，屏幕中图像清晰	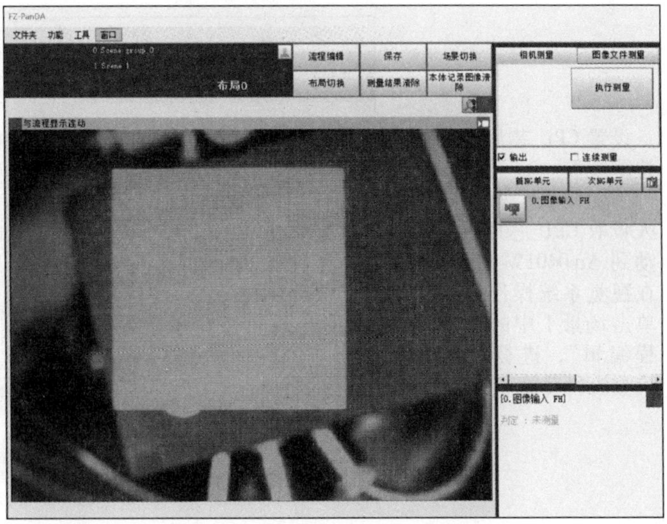

续表

序号	操作步骤	示意图
7	用示教器记录 Are0401W 点位位置	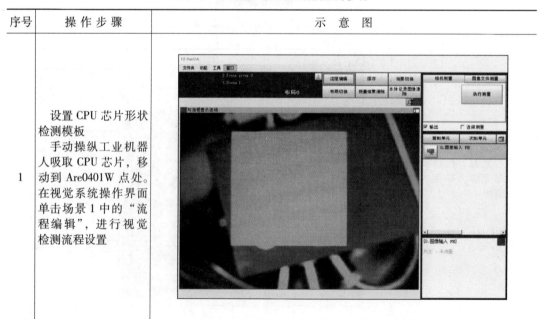

2. 设置视觉检测系统模板

设置视觉检测系统模板的步骤见表5-6。

表5-6 设置视觉检测系统模板的步骤

序号	操作步骤	示意图
1	设置 CPU 芯片形状检测模板 手动操纵工业机器人吸取 CPU 芯片，移动到 Are0401W 点处。在视觉系统操作界面单击场景 1 中的"流程编辑"，进行视觉检测流程设置	

序号	操 作 步 骤	示　意　图
2	选择"修正图像"中的"测量前处理",拖动或单击"插入"在流程中插入"测量前处理"步骤	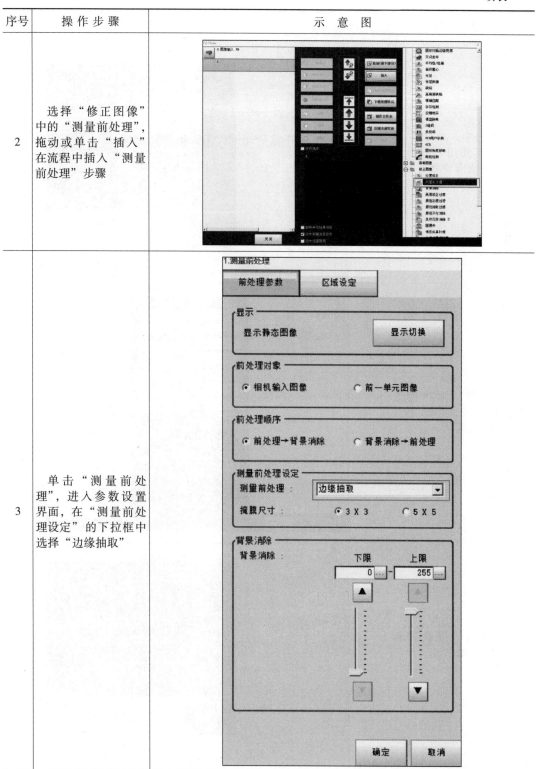
3	单击"测量前处理",进入参数设置界面,在"测量前处理设定"的下拉框中选择"边缘抽取"	

续表

序号	操作步骤	示　意　图
4	在"区域设定"选项卡中，单击"编辑"，使用长方形框来框选需要处理的区域，完成后单击"确定"	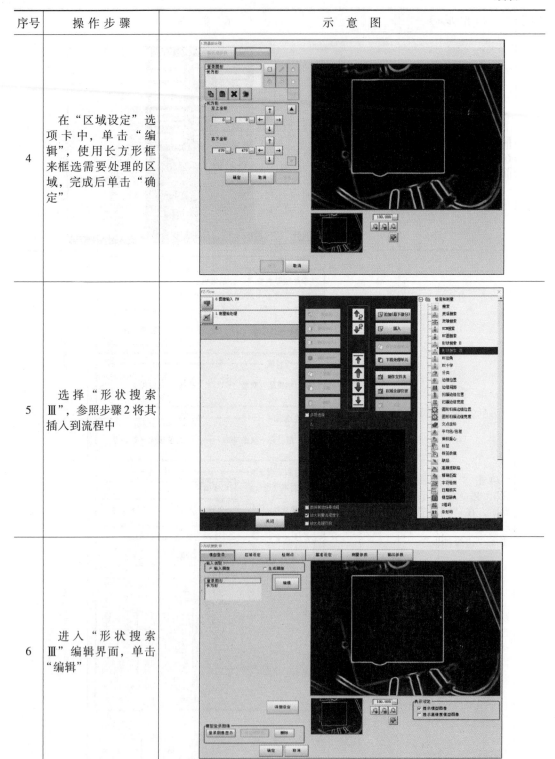
5	选择"形状搜索Ⅲ"，参照步骤2将其插入到流程中	
6	进入"形状搜索Ⅲ"编辑界面，单击"编辑"	

序号	操 作 步 骤	示 意 图
7	选择符合芯片形状的框选图形，此处选择长方形。框选搜索区域，再选中"保存模型登录图像"，单击"确定"	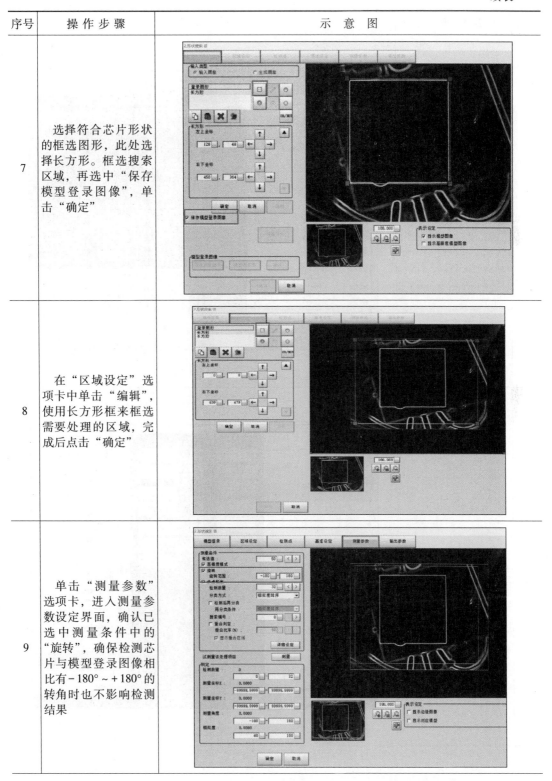
8	在"区域设定"选项卡中单击"编辑"，使用长方形框来框选需要处理的区域，完成后点击"确定"	
9	单击"测量参数"选项卡，进入测量参数设定界面，确认已选中测量条件中的"旋转"，确保检测芯片与模型登录图像相比有−180°~＋180°的转角时也不影响检测结果	

序号	操作步骤	示　意　图
10	将相似度修改为"80～100"，单击"确定"	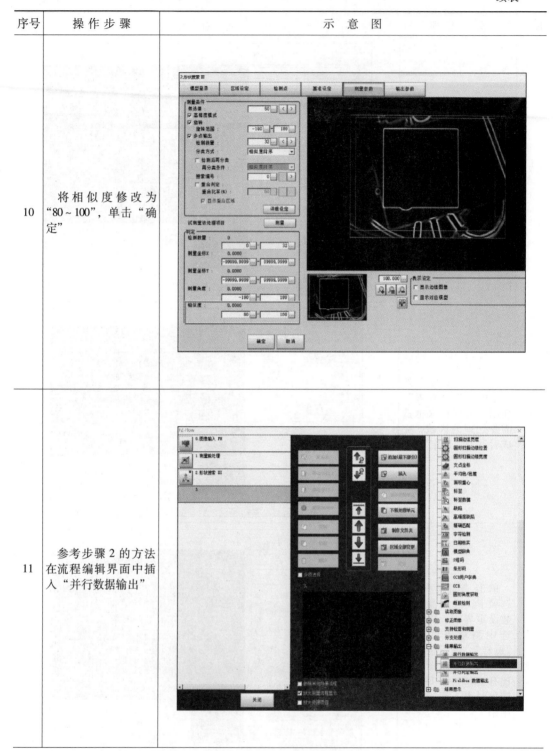
11	参考步骤 2 的方法在流程编辑界面中插入"并行数据输出"	

续表

序号	操 作 步 骤	示 意 图
12	进入"并行数据输出"编辑界面,单击"表达式"	
13	选择判定"TJG",单击"确定",即将当前项目判定结果输出给工业机器人	

序号	操 作 步 骤	示 意 图
14	单击"保存"按钮，对场景 1 的设定进行保存	
15	设置三极管芯片和电容芯片颜色检测模板 单击"场景切换"，选择场景组 Scene group 0，新建场景 3	
16	手动取下吸盘工具上的 CPU 芯片，换上黄色三极管芯片	

续表

序号	操 作 步 骤	示 意 图
17	单击"流程编辑"，进行视觉检测流程设置，选择"标签"，将其插入流程中	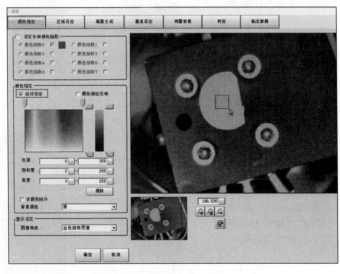
18	单击"标签"进入设置界面，单击"颜色指定"，选中"自动设定"，拖动鼠标在芯片上拾取肉眼观察没有色差的颜色	

续表

序号	操作步骤	示 意 图
19	单击"区域设定"，在"登录图形"处选择长方形，拖动长方形调整区域大小和位置，保证检测时芯片都在区域内，其余参数使用默认设置，单击"确定"	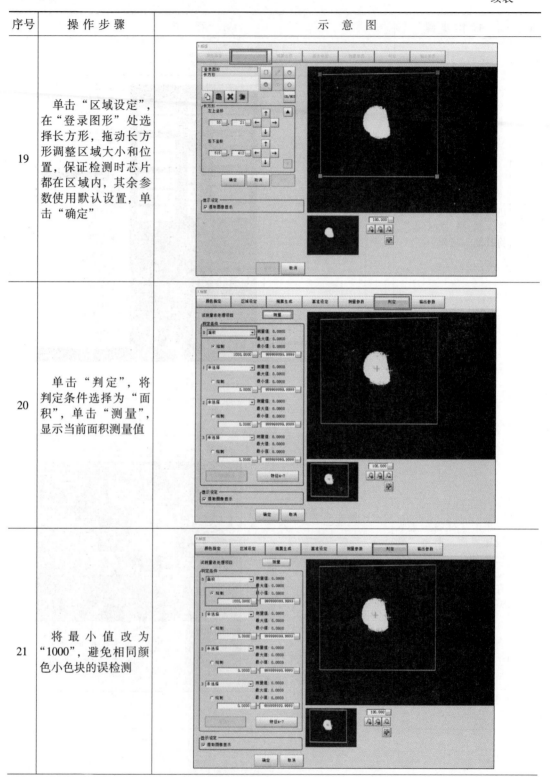
20	单击"判定"，将判定条件选择为"面积"，单击"测量"，显示当前面积测量值	
21	将最小值改为"1000"，避免相同颜色小色块的误检测	

续表

序号	操 作 步 骤	示　意　图
22	参照步骤 2，在流程编辑界面中插入"并行数据输出"	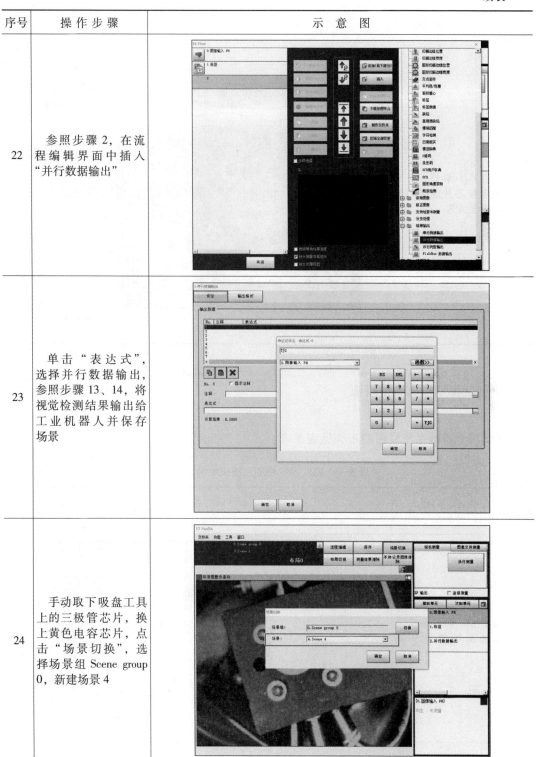
23	单击"表达式"，选择并行数据输出，参照步骤 13、14，将视觉检测结果输出给工业机器人并保存场景	
24	手动取下吸盘工具上的三极管芯片，换上黄色电容芯片，点击"场景切换"，选择场景组 Scene group 0，新建场景 4	

续表

序号	操作步骤	示　意　图
25	参照步骤 17~22 完成电容芯片的颜色检测模板设置	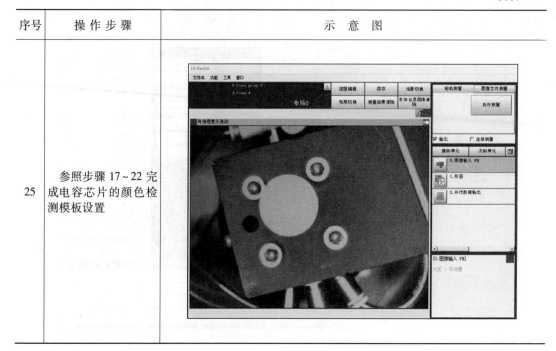

3. 测试视觉检测系统模板

测试视觉检测系统模板的步骤见表 5-7。

表 5-7　测试视觉检测系统模板的步骤

序号	操作步骤	示　意　图
1	在视觉系统操作界面单击"场景切换"，切换到场景组 0 场景 1	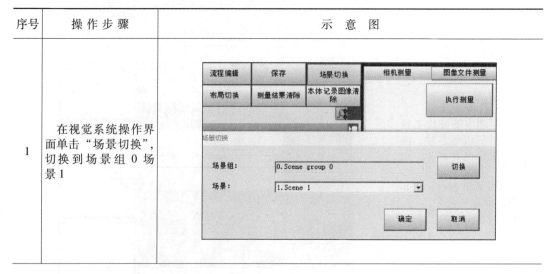

续表

序号	操作步骤	示　意　图
2	操纵工业机器人运动至 Are0401W 点位，使吸盘工具吸取白色 CPU 芯片，单击"执行测量"按钮，观察到的测量结果应为"OK"	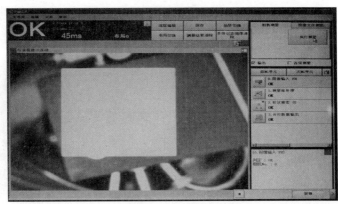
3	将吸盘工具吸取的白色 CPU 芯片旋转任意角度，再次单击"执行测量"按钮，观察到的测量结果应为"OK"	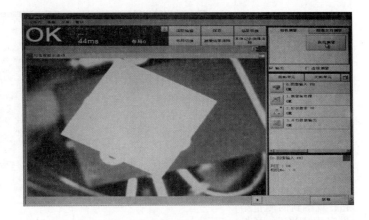
4	取下吸盘工具上的白色 CPU 芯片，更换为蓝色 CPU 芯片，单击"执行测量"按钮，观察到的测量结果应为"OK"	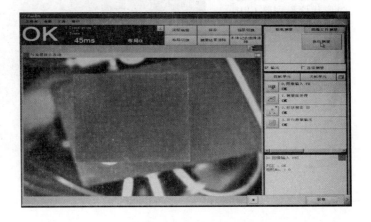

续表

序号	操作步骤	示　意　图
5	将蓝色 CPU 芯片旋转任意角度,再次单击"执行测量"按钮,观察测量结果应为"OK"	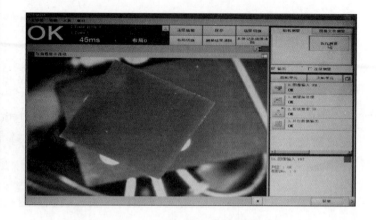
6	手动将吸盘工具上的芯片换成红色集成芯片或白色集成芯片,单击"执行测量"按钮,观察到的测量结果应为"NG"。场景测试通过,满足了通过形状检测剔除 CPU 芯片区域中集成芯片的要求	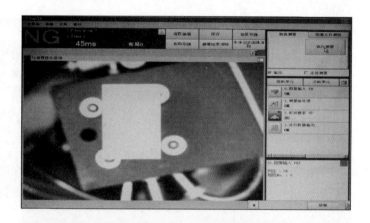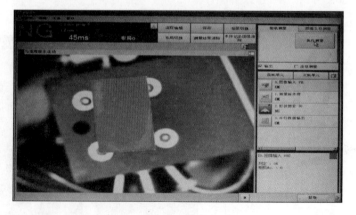

序号	操作步骤	示　意　图
7	单击"场景切换"，切换到场景组 0 场景 3	
8	手动将吸盘工具上的芯片换成黄色三极管芯片，单击"执行测量"按钮，观察到的测量结果应为"OK"	
9	将三极管芯片旋转任意角度，再次单击"执行测量"按钮，观察到的测量结果应为"OK"	

序号	操作步骤	示 意 图
10	手动将吸盘工具上的芯片换成红色三极管芯片，单击"执行测量"按钮，观察到的测量结果应为"NG"。场景测试通过，满足了通过颜色检测筛选出黄色三极管芯片的要求	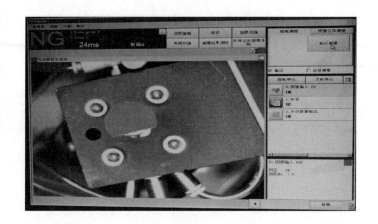
11	将吸盘工具上的芯片换成黄色电容芯片，单击"场景切换"，切换到场景组 0 场景 4	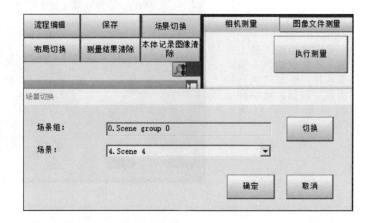
12	参照步骤 8、9 的方法测试黄色电容芯片，观察到的检测结果应为"OK"	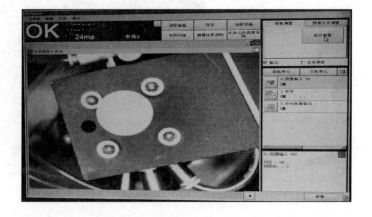

续表

序号	操作步骤	示 意 图
13	参照步骤 10，换成蓝色电容芯片，观察到的检测结果应为"NG"。场景测试通过，满足了通过颜色检测筛选出黄色电容芯片的要求	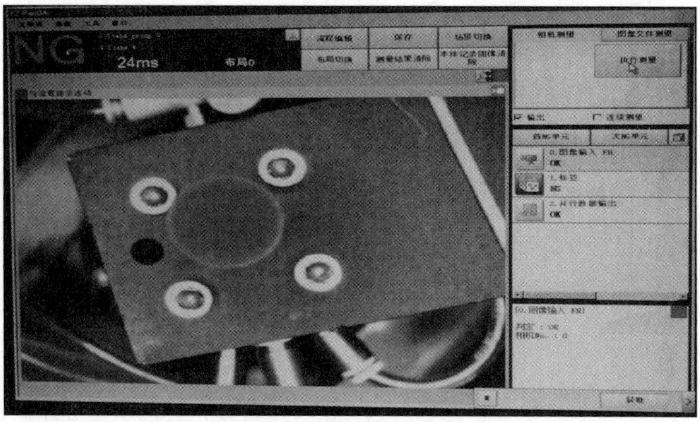

![任务评价]

　　任务评价见表 5-8。

表 5-8　任 务 评 价

评分类别	评分项目	评 分 内 容	配分	学生自评 ○	小组互评 △	教师评价 □
职业素养（20分）	规范"7S"操作（8分）	○ △ □　整理、整顿	2			
		○ △ □　清理、清洁	2			
		○ △ □　素养、节约	2			
		○ △ □　安全	2			
	进行"三检"工作（6分）	○ △ □　检查作业所需要的工具和设备是否完备	2			
		○ △ □　检查设备是否正常	2			
		○ △ □　检查工作环境是否安全	2			
	做到"三不"操作（6分）	○ △ □　操作过程工具不落地	2			
		○ △ □　操作过程不浪费材料	2			
		○ △ □　操作过程不脱安全帽	2			

续表

评分类别	评分项目	评 分 内 容	配分	学生自评 ○	小组互评 △	教师评价 □
职业技能（80分）	设置成像环境（32分）	○ △ □　正确手动操纵工业机器人吸取 CPU 芯片，移动到视觉检测区域	5			
		○ △ □　正确切换到场景 1，并显示相机实时拍摄场景	5			
		○ △ □　保证所有芯片在屏幕中的成像大小合适、位置居中	5			
		○ △ □　正确调节光源亮度和相机焦距、光圈，使屏幕中的成像清晰，亮度适中	10			
		○ △ □　正确记录 Are0401W 点位位置	7			
	设置视觉检测模板（24分）	○ △ □　正确完成场景 1 中 CPU 芯片形状检测的模板设置	8			
		○ △ □　正确完成场景 3 中黄色三极管芯片颜色检测的模板设置	8			
		○ △ □　正确完成场景 4 中黄色电容芯片颜色检测的模板设置	8			
	测试视觉检测模板（24分）	○ △ □　正确对场景 1 中 CPU 芯片形状检测的模板进行测试，剔除掺杂的集成芯片，分拣出符合要求的 CPU 芯片	8			
		○ △ □　正确对场景 3 中黄色三极管芯片颜色检测的模板进行测试，分拣出符合要求的黄色三极管芯片	8			
		○ △ □　正确对场景 4 中黄色电容芯片颜色检测的模板进行测试，分拣出符合要求的黄色电容芯片	8			
合计			100			

注：依据得分条件进行评分，按要求完成在记录符号上（学生○、小组△、教师□）打√，未按要求完成在记录符号上（学生○、小组△、教师□）打×，并扣除对应分数。

任务4　编写分拣工作站程序

任务目标

1）理解分拣程序的编程逻辑。

2）会编写分拣程序。

3）会编写分拣流程的初始化程序。

4）灵活使用 FOR 循环指令、Return 指令、GOTO 指令。

任务内容

完成分拣工作站程序的编写。工业机器人触发视觉检测系统对 CPU 芯片的形状、三极管芯片和电容芯片的颜色进行检测，并将检测结果反馈给工业机器人，工业机器人根据检测结果决定是否将当前的芯片安装到 PCB 的固定位置中，从而完成 PCB 上 5 块芯片的安装工作。

任务实施

1. 编写工业机器人与视觉检测系统的通信程序

（1）规划工业机器人与视觉检测系统的通信程序

工业机器人与视觉检测系统通信程序 CVision（num SceneNum）是带参数的例行程序，通过调用不同数值参数实现视觉检测系统中不同场景的切换，从而完成检测工作。例如，调用 CVision 1 时切换到视觉检测系统场景 1 进行形状检测，调用 CVision 3、CVision 4 时切换到视觉检测系统场景 3、场景 4 进行颜色检测。工业机器人与视觉检测系统通信程序逻辑结构如图 5-11 所示。

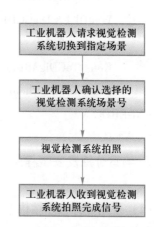

图 5-11 工业机器人与视觉检测系统通信程序逻辑结构

（2）编写工业机器人与视觉检测系统的通信程序

编写工业机器人与视觉检测系统通信程序的步骤见表 5-9。

表 5-9 编写机器人与视觉检测系统通信程序的步骤

序号	操作步骤	程 序
1	建立带参数的例行程序 CVision（num SceneNum）	PROC CVision（num SceneNum） ENDPROC
2	添加控制视觉检测系统切换场景的指令及等待时间	SetGO ToCGroData，SceneNum； WaitTime 0.5；

续表

序号	操作步骤	程序
3	置位场景确认信号 ToCDigAffirm，添加等待时间	Set ToCDigAffirm; WaitTime 0.5;
4	置位请求视觉检测系统拍照信号，添加等待视觉检测系统拍照完成信号，添加等待时间	Set ToCDigPhoto; WaitDI FrCDigCCDFinish，1; WaitTime 0.2;
5	复位场景确认信号及请求视觉检测系统拍照信号	Reset ToCDigAffirm; Reset ToCDigPhoto;

对应程序如下：

```
PROC CVision(num SceneNum)
        SetGO ToCGroData,SceneNum;
        WaitTime 0.5;
        Set ToCDigAffirm;
        WaitTime 0.5;
        Set ToCDigPhoto;
        WaitDI FrCDigCCDFinish,1;
        waittime 0.2;
        Reset ToCDigAffirm;
        Reset ToCDigPhoto;
ENDPROC
```

2. 编写分拣及安装程序

（1）规划分拣程序结构

分拣程序 MSortA05(num posnum) 采用带参数的例行程序的形式，结合逻辑判断指令 TEST 中 4 个不同的 CASE 完成芯片分拣并将芯片装入到 A05 号 PCB，分拣程序结构规划如图 5-12 所示。

1）规划 CPU 芯片形状分拣及安装程序。CPU 芯片的分拣及安装程序位于 CASE1 中，该程序段分为分拣和安装 2 个步骤。

步骤 1：按照芯片序号依次吸取 CPU 芯片区域的芯片，并移动到视觉检测单元进行检测，循环起始值表示工业机器人在该程序段中拾取的第一个芯片的位置，程序中需要调用视觉检测程序 CVision(posnum)，当检测结果信号 FrCDigCCDOK = 1 时，说明此时吸取的芯片为 CPU 芯片，将数组 ChipCPUMark{4} 中与芯片序号相对应的元素赋值为 1，并将芯片放回原位；当检测结果信号 FrCDigCCDOK = 0 时，说明此时吸取的为集成芯片，将该芯片放到原料回收料盘。循环执行该段程序 4 次，完成 CPU 芯片区域有料位的记录及掺杂芯片的剔除。

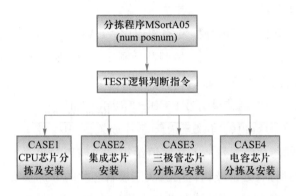

图 5-12　分拣程序结构

步骤 2：工业机器人根据数组 ChipCPUMark{4} 中记录的 CPU 芯片有料信息吸取 CPU 芯片，并装入到 A05 号 PCB。CPU 芯片形状分拣及安装程序逻辑如图 5-13 所示。

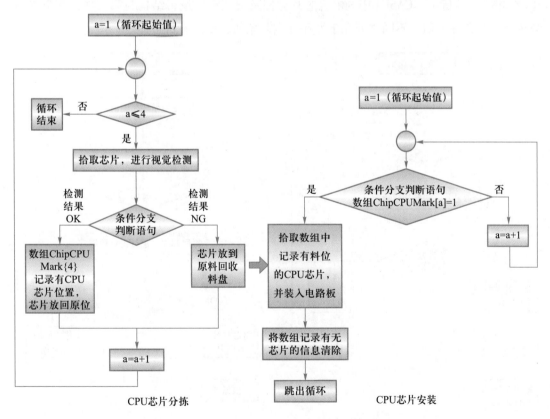

图 5-13　CPU 芯片形状分拣及安装程序逻辑

2）规划集成芯片安装程序。集成芯片安装程序位于 CASE2 中，工业机器人只需吸取集成芯片中第一块芯片并将其安装到 A05 号 PCB。集成芯片安装程序逻辑如图 5-14 所示。

3）规划三极管和电容的颜色分拣及安装程序。CASE3 中包含两次三极管芯片分拣及安装的程序。按照芯片顺序，依次吸取三极管芯片并移动到视觉检测单元进行检测，程序中需要调用视觉检测程序 CVision 3。当检测结果信号 FrCDigCCDOK = 1 时，说明此时三极管芯片颜色为黄色，将该三极管芯片放置到 A05 号 PCB，将第一次安装的芯片位置号加 1 并赋值给第二次循环的起

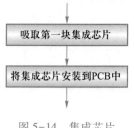

图 5-14 集成芯片
安装程序逻辑

始值，然后程序跳转到标签处继续执行第二次三极管芯片的分拣及安装；当检测结果信号 FrCDigCCDOK = 0 时，说明此时不是黄色芯片，将该芯片放到原位，继续循环执行该程序。第二次的分拣及安装程序与第一次的程序类似，不同之处在于工业机器人安装完芯片后就直接跳出该例行程序，并将检测到的第二个黄色三极管芯片贴装到 A05 号 PCB 的 4 号位置，因此放料时的位置号需在第一次放料位置号上加 1，三极管芯片颜色分拣及安装程序逻辑如图 5-15 所示。CASE4 中的电容芯片分拣及安装程序逻辑结构与第二次三极管芯片分拣及安装程序相似，不同之处在于循环计数起始值，此处不再赘述。

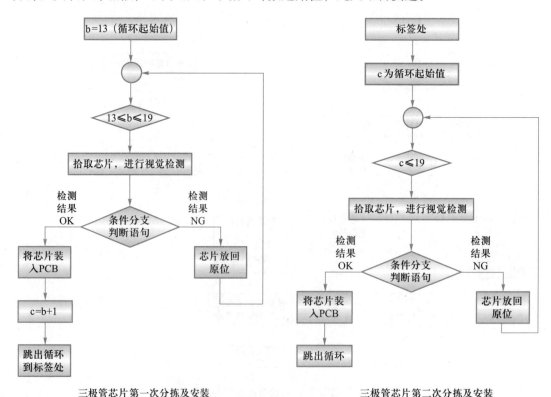

图 5-15 三极管芯片颜色分拣及安装程序逻辑

（2）编写分拣程序

编写分拣程序的步骤见表 5-10。

表 5-10　编写分拣程序的步骤

序号	操 作 步 骤	程序或示意图
		编写分拣程序 MSortA05（num posnum）主结构
1	建立带参数的例行程序 MSortA05（num posnum），并添加工业机器人回工作原点指令	PROC MSortA05（num posnum） 　　MoveAbsJ Home5\NoEOffs，v1000，fine，tool0；

2	添加 TEST 逻辑判断指令，并添加 4 种 CASE，在 CASE1 中添加程序规划中分析的 2 个 FOR 循环结构	TEST posnum
		　　CASE 1：
		　　FOR a FROM NumChipArea1 TO 4 DO
		　　ENDFOR
		　　FOR a FROM NumChipArea1 TO 4 DO
		　　ENDFOR
		　　CASE 2：
		　　CASE 3：
		　　CASE 4：
		　　ENDTEST

		编写 CPU 芯片分拣及安装程序
3	在 CASE1 第一个 FOR 循环中添加运动指令，使工业机器人移动到异形芯片原料盘芯片吸取位置，置位吸盘工具控制信号，添加等待吸盘吸到料反馈信号；添加运动指令，使工业机器人移动到视觉检测位置	MoveL ChipRawPos{a}，v100，fine，tool0； SetDO ToTDigSucker1,1； WaitDi FrTDigVacSen1,1； MoveL Area0401W，v100，fine，tool0；

4	添加工业机器人吸取芯片前后的过渡点和移动到视觉检测点位前的过渡点	吸取芯片前过渡点：
		MoveJ Offs（ChipRawPos{a}，0,0,150），v500，z20，tool0；
		MoveL Offs（ChipRawPos{a}，0,0,30），v500，fine，tool0；
		吸取芯片后过渡点：
		MoveL Offs（ChipRawPos{a}，0,0,30），v500，fine，tool0；
		MoveL Offs（ChipRawPos{a}，0,0,150），v500，fine，tool0；
		移动到视觉检测点位前过渡点：
		MoveJ Offs（Area0401W,0,0,100），v500，z20，tool0；
		MoveJ Offs（Area0401W,0,0,30），v500，fine，tool0；

续表

序号	操作步骤	程序或示意图
		编写 CPU 芯片分拣及安装程序

5	调用视觉检测程序 CVision(posnum)，添加 IF…ELSE…ENDIF 条件判断语句指令	CVision(posnum);
		IF FrCDigCCDOK = 1 THEN
		ELSE
		ENDIF

6	在 IF FrCDigCCDOK = 1 THEN 下面为数组 ChipCPUMark{a}赋值，添加移动到放芯片位置指令、复位吸盘工具指令、置位破除真空指令以及复位破除真空指令，注意添加必要的等待时间	ChipCPUMark{a}: = 1; MoveL ChipRawPos{a},v500,fine,tool0; WaitTime 0.5; Reset ToTDigSucker1; Set ToDigVaccumOff; WaitTime 0.5; Reset ToDigVaccumOff;
7	添加离开视觉检测点位过渡点及工业机器人放芯片前后的过渡点	离开视觉检测点位过渡点: MoveJ Offs(Area0401W,0,0,30), v500, fine, tool0; MoveJ Offs(Area0401W,0,0,100), v500, z20, tool0; 放芯片前过渡点: MoveJ Offs(ChipRawPos{a},0,0,150), v500, z20, tool0; MoveJ Offs(ChipRawPos{a},0,0,50), v500, fine, tool0; 放芯片后过渡点: MoveJ Offs(ChipRawPos{a},0,0,50), v500, fine, tool0; MoveL Offs (ChipRawPos{a},0,0,150), v100, z20, tool0;
8	编辑分支 ELSE 中的程序，该程序段将掺杂的集成芯片放置到异形芯片回收料盘，由于和上一个 IF 分支中的程序结构一样，复制上段程序，并对部分点位和偏移高度进行修改，完成 CASE1 中第一个 FOR 循环程序	MoveJ Offs(Area0401W,0,0,30), v500, fine, tool0; MoveJ Offs(Area0401W,0,0,100), v500, z20, tool0; MoveJ Offs(WastePos{a},0,0,200), v500, z20, tool0; MoveL Offs(WastePos{a},0,0,30), v500, fine, tool0; MoveL WastePos{a}, v100, fine, tool0; ReSet ToTDigSucker1; Set ToDigVaccumOff; WaitTime 0.5; MoveL Offs(WastePos{a},0,0,30), v500, fine, tool0; MoveL Offs(WastePos{a},0,0,200), v500, z20, tool0; ReSet ToDigVaccumOff;
9	编写 CASE1 中第二个 FOR 循环语句段，添加条件判断语句，并复制上面已编写完的吸取芯片程序	IF ChipCPUMark{a} = 1 THEN MoveJ Offs(ChipRawPos{a},0,0,150), v500, z20, tool0; MoveL Offs(ChipRawPos{a},0,0,30), v500, fine, tool0; MoveL ChipRawPos{a}, v100, fine, tool0; Set ToTDigSucker1; WaitDi FrTDigVacSen1,1; MoveL Offs(ChipRawPos{a},0,0,30), v500, fine, tool0; MoveL Offs (ChipRawPos{a},0,0,150), v500, z20, tool0;

续表

序号	操作步骤	程序或示意图
		编写 CPU 芯片分拣及安装程序
10	编写将芯片放置到 A05 号 PCB 的程序，复制上方将芯片放置到异形芯片回收料盘的程序段，对点位进行相应修改；将数组 ChipCPUMark{4} 中的值清零，并添加 RE-TURN 指令，跳出 FOR 循环	MoveJ Offs（A05ChipPos{posnum},0,0,30）,v500,z20,tool0; MoveJ Offs（A05ChipPos{posnum},0,0,10）,v500,fine,tool0; MoveL A05ChipPos{posnum},v500,fine,tool0; WaitTime 0.5; Reset ToTDigSucker1; Set ToDigVaccumOff; WaitTime 0.5; MoveL Offs（A05ChipPos{posnum},0,0,10）,v100,fine,tool0; MoveL Offs（A05ChipPos{posnum},0,0,30）,v100,z20,tool0; Reset ToDigVaccumOff; ChipCPUMark{a}:=0; RETURN;
		编写集成芯片安装程序
11	编写 CASE2 中将集成芯片安装到 A05 号 PCB 的程序。复制 CASE1 中取放芯片的程序段，将点位中变量 a 改成 NumChipArea2，即吸取第一个集成芯片	MoveJ Offs（ChipRawPos{NumChipArea2},0,0,200）,v500,z20,tool0; MoveL Offs（ChipRawPos{NumChipArea2},0,0,30）,v500,fine,tool0; MoveL ChipRawPos{NumChipArea2},v100,fine,tool0; 　Set ToTDigSucker1; 　WaitDi FrTDigVacSen1,1; MoveL Offs（ChipRawPos{NumChipArea2},0,0,30）,v500,fine,tool0; MoveL Offs（ChipRawPos{NumChipArea2},0,0,200）,v500,z20,tool0; MoveJ Offs（A05ChipPos{posnum},0,0,30）,v500,z20,tool0; MoveJ Offs（A05ChipPos{posnum},0,0,10）,v500,fine,tool0; MoveL A05ChipPos{posnum},v500,fine,tool0; WaitTime 0.5; Reset ToTDigSucker1; Set ToDigVaccumOff; Waittime 0.5; MoveL Offs（A05ChipPos{posnum},0,0,10）,v100,fine,tool0; MoveL Offs（A05ChipPos{posnum},0,0,30）,v100,z20,tool0; Reset ToDigVaccumOff;
		编写三极管芯片分拣及安装程序

12	编写 CASE3 中的程序，添加两个 FOR 循环结构，在其中分别添加 IF … ELSE … ENDIF 条件判断语句指令	FOR c FROM NumChipArea3 TO 19 DO
		　IF FrCDigCCDOK=FrPDigChipColor1 THEN
		　ELSE
		　ENDIF
		ENDFOR
		FOR c FROM NumChipArea3 TO 19 DO
		　IF FrCDigCCDOK=FrPDigChipColor1 THEN
		　ELSE
		　ENDIF
		ENDFOR

序号	操 作 步 骤	程序或示意图
		编写三极管芯片分拣及安装程序

13	编写第一个 FOR 循环结构，复制 CASE1 中吸取芯片、对芯片进行视觉拍照程序段及过渡点位，并将循环变量由 a 改为 b	FOR b FROM NumChipArea3 TO 19 DO
		　　MoveJ Offs(ChipRawPos{b},0,0,150), v500, z20, tool0;
		　　MoveL Offs(ChipRawPos{b},0,0,30), v500, fine, tool0;
		　　MoveL ChipRawPos{b}, v100, fine, tool0;
		　　Set ToTDigSucker1;
		　　WaitDI FrTDigVacSen1,1;
		　　MoveL Offs(ChipRawPos{b},0,0,30), v500, fine, tool0;
		　　MoveL Offs(ChipRawPos{b},0,0,150), v500, z20, tool0;
		　　MoveJ Offs(Area0401W,0,0,100), v500, z20, tool0;
		　　MoveJ Offs(Area0401W,0,0,30), v500, fine, tool0;
		　　MoveL Area0401W, v100, fine, tool0;
		　　CVision(posnum);
		　　IF FrCDigCCDOK=1 THEN
		　　MoveJ Offs(Area0401W,0,0,30), v500, fine, tool0;
		　　MoveJ Offs(Area0401W,0,0,100), v500, z20, tool0;
		　　ELSE
		　　　ENDIF
		ENDFOR

14	继续编写 IF 条件判断第一个分支，复制 CASE 2 中安装芯片到 A05 号 PCB 程序段，对点位进行修改；将三极管芯片位置号变量加 1，添加 GOTO 跳转指令	MoveJ Offs(A05ChipPos{posnum},0,0,30), v500, z20, tool0; MoveJ Offs(A05ChipPos{posnum},0,0,10), v500, fine, tool0; MoveL A05ChipPos{posnum}, v100,fine,tool0; WaitTime 0.5; Reset ToTDigSucker1; Set ToDigVaccumOff; WaitTime 0.5; MoveJ Offs(A05ChipPos{posnum},0,0,10), v100, fine, tool0; MoveL Offs(A05ChipPos{posnum},0,0,30), v100, z20, tool0; Reset ToDigVaccumOff; NumChipArea3:=b+1; GOTO AA;

15	编写 ELSE 程序段分支，复制 CASE1 中从拍照点位抬起放置到取料位程序段，并在第二个 FOR 循环结构前面增加跳转指令需要跳转到的标签 AA	ELSE
		　MoveJ Offs(Area0401W,0,0,30), v500, fine, tool0;
		　MoveJ Offs(Area0401W,0,0,100), v500, z20, tool0;
		　MoveJ Offs(ChipRawPos{b},0,0,150), v500, z20, tool0;
		　MoveL Offs(ChipRawPos{b},0,0,30), v500, fine, tool0;
		　MoveL ChipRawPos{b}, v100, fine, tool0;
		　ReSet ToTDigSucker1;
		　Set ToDigVaccumOff;
		　WaitTime 0.5;
		　MoveL Offs(ChipRawPos{b},0,0,30), v100, fine, tool0;
		　MoveL Offs(ChipRawPos{b},0,0,150), v100, z20, tool0;
		　ReSet ToDigVaccumOff;
		　ENDIF
		　ENDFOR
		AA:

续表

序号	操 作 步 骤	程序或示意图
		编写三极管芯片分拣及安装程序
16	编写第二个 FOR 循环程序段，并将循环变量由 b 改为 c，复制第一个 FOR 循环程序段的内容，将 GOTO 跳转指令改为 RETURN（右侧程序段只显示需要修改的部分，完成程序段见下文）	MoveJ Offs(A05ChipPos{posnum+1},0,0,30), v500, z20, tool0;（需要修改的部分） 　MoveJ Offs(A05ChipPos{posnum+1},0,0,10), v500, fine, tool0;（需要修改的部分） 　MoveL A05ChipPos{posnum+1},v100,fine,tool0;（需要修改的部分） 　WaitTime 0.5; 　Reset ToTDigSucker1; 　Set ToDigVaccumOff; 　WaitTime 0.5; 　MoveJ Offs(A05ChipPos{posnum+1},0,0,10), v100, fine, tool0;（需要修改的部分） 　MoveL Offs(A05ChipPos{posnum+1},0,0,30), v100, z20, tool0;（需要修改的部分） 　Reset ToDigVaccumOff; 　RETURN;（需要修改的部分）

　　CASE4 电容芯片分拣安装程序只需复制 CASE3 第二个 FOR 循环程序段并改变循环起始变量的值即可，此处不再赘述。最后添加工业机器人回工作原点程序，完整程序整理如下。

PROC MSortA05(num posnum)

　　MoveAbsJ Home5\NoEOffs, v1000, fine, tool0;

　　TEST posnum

　　CASE 1:!! CPU 芯片分拣及安装

　　　FOR a FROM NumChipArea1 TO 4 DO

　　　MoveJ Offs(ChipRawPos{a},0,0,150), v500, z20, tool0;

　　　MoveL Offs(ChipRawPos{a},0,0,30), v500, fine, tool0;

　　　MoveL ChipRawPos{a}, v100, fine, tool0;

　　　Set ToTDigSucker1;

　　　WaitDi FrTDigVacSen1,1;

　　　MoveL Offs(ChipRawPos{a},0,0,30), v500, fine, tool0;

　　　MoveL Offs(ChipRawPos{a},0,0,150), v500, fine, tool0;

　　　MoveJ Offs(Area0401W,0,0,100), v500, z20, tool0;

　　　MoveJ Offs(Area0401W,0,0,30), v500, fine, tool0;

　　　MoveL Area0401W, v100, fine, tool0;

　　　CVision(posnum);

```
IF FrCDigCCDOK = 1 THEN
    ChipCPUMark{a} : = 1;
    MoveJ Offs( Area0401W,0,0,30) , v500, fine, tool0;
    MoveJ Offs( Area0401W,0,0,100) , v500, z20, tool0;
    MoveJ Offs( ChipRawPos{a} ,0,0,150) , v500, z20, tool0;
    MoveJ Offs( ChipRawPos{a} ,0,0,50) , v500, fine, tool0;
    MoveL ChipRawPos{a} , v500,fine,tool0;
    WaitTime 0. 5;
    Reset ToTDigSucker1;
    Set ToDigVaccumOff;
    WaitTime 0. 5;
    MoveJ Offs( ChipRawPos{a} ,0,0,50) , v500, fine, tool0;
    MoveL Offs( ChipRawPos{a} ,0,0,150) , v100, z20, tool0;
    Reset ToDigVaccumOff;
ELSE
    MoveJ Offs( Area0401W,0,0,30) , v500, fine, tool0;
    MoveJ Offs( Area0401W,0,0,100) , v500, z20, tool0;
    MoveJ Offs( WastePos{a} ,0,0,200) , v500, z20, tool0;
    MoveL Offs( WastePos{a} ,0,0,30) , v500, fine, tool0;
    MoveL WastePos{a} , v100, fine, tool0;
    ReSet ToTDigSucker1;
    Set ToDigVaccumOff;
    WaitTime 0. 5;
    MoveL Offs( WastePos{a} ,0,0,30) , v500, fine, tool0;
    MoveL Offs( WastePos{a} ,0,0,200) , v500, z20, tool0;
    ReSet ToDigVaccumOff;
ENDIF
ENDFOR
FOR a FROM NumChipArea1 TO 4 DO
IF ChipCPUMark{a} = 1 THEN
MoveJ Offs(ChipRawPos{a} ,0,0,150) , v500, z20, tool0;
MoveL Offs( ChipRawPos{a} ,0,0,30) , v500, fine, tool0;
MoveL ChipRawPos{a} , v100, fine, tool0;
SetDO ToTDigSucker1 ,1;
```

```
        WaitDi FrTDigVacSen1,1;
        MoveL Offs(ChipRawPos{a},0,0,30), v500, fine, tool0;
        MoveL Offs(ChipRawPos{a},0,0,150), v500, z20, tool0;
        MoveJ Offs(A05ChipPos{posnum},0,0,30), v500, z20, tool0;
        MoveJ Offs(A05ChipPos{posnum},0,0,10), v500, fine, tool0;
        MoveL A05ChipPos{posnum},v500,fine,tool0;
        WaitTime 0.5;
        Reset ToTDigSucker1;
        Set ToDigVaccumOff;
        WaitTime 0.5;
        MoveL Offs(A05ChipPos{posnum},0,0,10), v100, fine, tool0;
        MoveL Offs(A05ChipPos{posnum},0,0,30), v100, z20, tool0;
        Reset ToDigVaccumOff;
        ChipCPUMark{a} :=0;
        RETURN;
      ENDIF
    ENDFOR
  CASE 2:!! 集成芯片安装
    MoveJ Offs(ChipRawPos{ NumChipArea2},0,0,200), v500, z20, tool0;
    MoveL Offs(ChipRawPos{ NumChipArea2},0,0,30), v500, fine, tool0;
    MoveL ChipRawPos{ NumChipArea2}, v100, fine, tool0;
    Set ToTDigSucker1;
    WaitDi FrTDigVacSen1,1;
    MoveL Offs(ChipRawPos{ NumChipArea2},0,0,30), v500, fine, tool0;
    MoveL Offs(ChipRawPos{ NumChipArea2},0,0,200), v500, z20, tool0;
    MoveJ Offs(A05ChipPos{posnum},0,0,30), v500, z20, tool0;
    MoveJ Offs(A05ChipPos{posnum},0,0,10), v500, fine, tool0;
    MoveL A05ChipPos{posnum},v500,fine,tool0;
    WaitTime 0.5;
    Reset ToTDigSucker1;
    Set ToDigVaccumOff;
    WaitTime 0.5;
    MoveL Offs(A05ChipPos{posnum},0,0,10), v100, fine, tool0;
    MoveL Offs(A05ChipPos{posnum},0,0,30), v100, z20, tool0;
```

```
        Reset ToDigVaccumOff;
CASE 3:!!  三极管芯片分拣及安装
   FOR b FROM NumChipArea3 TO 19 DO
   MoveJ Offs(ChipRawPos{b},0,0,150), v500, z20, tool0;
   MoveL Offs(ChipRawPos{b},0,0,30), v500, fine, tool0;
   MoveL ChipRawPos{b}, v100, fine, tool0;
   Set ToTDigSucker1;
   WaitDi FrTDigVacSen1,1;
   MoveL Offs(ChipRawPos{b},0,0,30), v500, fine, tool0;
   MoveL Offs(ChipRawPos{b},0,0,150), v500, z20, tool0;
   MoveJ Offs(Area0401W,0,0,100), v500, z20, tool0;
   MoveJ Offs(Area0401W,0,0,30), v500, fine, tool0;
   MoveL Area0401W, v100, fine, tool0;
   CVision(posnum);
   IF FrCDigCCDOK=1 THEN
        MoveJ Offs(Area0401W,0,0,30), v500, fine, tool0;
        MoveJ Offs(Area0401W,0,0,100), v500, z20, tool0;
        MoveJ Offs(A05ChipPos{posnum},0,0,30), v500, z20, tool0;
        MoveJ Offs(A05ChipPos{posnum},0,0,10), v500, fine, tool0;
        MoveL A05ChipPos{posnum},v100,fine,tool0;
        WaitTime 0.5;
        Reset ToTDigSucker1;
        Set ToDigVaccumOff;
        WaitTime 0.5;
        MoveJ Offs(A05ChipPos{posnum},0,0,10), v100, fine, tool0;
        MoveL Offs(A05ChipPos{posnum},0,0,30), v100, z20, tool0;
        Reset ToDigVaccumOff;
        NumChipArea3:=b+1;
        GOTO AA;
   ELSE
        MoveJ Offs(Area0401W,0,0,30), v500, fine, tool0;
        MoveJ Offs(Area0401W,0,0,100), v500, z20, tool0;
        MoveJ Offs(ChipRawPos{b},0,0,150), v500, z20, tool0;
        MoveL Offs(ChipRawPos{b},0,0,30), v500, fine, tool0;
```

```
            MoveL ChipRawPos{b}, v100, fine, tool0;
            ReSet ToTDigSucker1;
            Set ToDigVaccumOff;
            WaitTime 0.5;
            MoveL Offs(ChipRawPos{b},0,0,30), v100, fine, tool0;
            MoveL Offs(ChipRawPos{b},0,0,150), v100, z20, tool0;
            ReSet ToDigVaccumOff;
        ENDIF
    ENDFOR
AA:
    FOR c FROM NumChipArea3 TO 19 DO
    MoveJ Offs(ChipRawPos{c},0,0,150), v500, z20, tool0;
    MoveL Offs(ChipRawPos{c},0,0,30), v500, fine, tool0;
    MoveL ChipRawPos{c}, v100, fine, tool0;
    Set ToTDigSucker1;
    WaitDi FrTDigVacSen1,1;
    MoveL Offs(ChipRawPos{c},0,0,30), v500, fine, tool0;
    MoveL Offs(ChipRawPos{c},0,0,150), v500, z20, tool0;
    MoveJ Offs(Area0401W,0,0,100), v500, z20, tool0;
    MoveJ Offs(Area0401W,0,0,30), v500, fine, tool0;
    MoveL Area0401W, v100, fine, tool0;
    CVision(posnum);
    IF FrCDigCCDOK=1 THEN
            MoveJ Offs(Area0401W,0,0,30), v500, fine, tool0;
            MoveJ Offs(Area0401W,0,0,100), v500, z20, tool0;
            MoveJ Offs(A05ChipPos{posnum+1},0,0,30), v500, z20, tool0;
            MoveJ Offs(A05ChipPos{posnum+1},0,0,10), v500, fine, tool0;
            MoveL A05ChipPos{posnum+1},v100,fine,tool0;
            WaitTime 0.5;
            Reset ToTDigSucker1;
            Set ToDigVaccumOff;
            WaitTime 0.5;
            MoveJ Offs(A05ChipPos{posnum+1},0,0,10), v100, fine, tool0;
            MoveL Offs(A05ChipPos{posnum+1},0,0,30), v100, z20, tool0;
```

```
        Reset ToDigVaccumOff;
        RETURN;
    ELSE
        MoveJ Offs(Area0401W,0,0,30), v500, fine, tool0;
        MoveJ Offs(Area0401W,0,0,100), v500, z20, tool0;
        MoveJ Offs(ChipRawPos{c},0,0,150), v500, z20, tool0;
        MoveL Offs(ChipRawPos{c},0,0,30), v500, fine, tool0;
        MoveL ChipRawPos{c}, v100, fine, tool0;
        ReSet ToTDigSucker1;
        Set ToDigVaccumOff;
        WaitTime 0.5;
        MoveL Offs(ChipRawPos{c},0,0,30), v100, fine, tool0;
        MoveL Offs(ChipRawPos{c},0,0,150), v100, z20, tool0;
        ReSet ToDigVaccumOff;
    ENDIF
    ENDFOR
CASE 4:!! 电容芯片分拣及安装
    FOR d FROM NumChipArea4 TO 26 DO
    MoveJ Offs(ChipRawPos{d},0,0,150), v500, z20, tool0;
    MoveL Offs(ChipRawPos{d},0,0,30), v500, fine, tool0;
    MoveL ChipRawPos{d}, v100, fine, tool0;
    Set ToTDigSucker1;
    WaitDi FrTDigVacSen1,1;
    MoveL Offs(ChipRawPos{d},0,0,30), v500, fine, tool0;
    MoveL Offs(ChipRawPos{d},0,0,150), v500, z20, tool0;
    MoveJ Offs(Area0401W,0,0,100), v500, z20, tool0;
    MoveJ Offs(Area0401W,0,0,30), v500, fine, tool0;
    MoveL Area0401W, v100, fine, tool0;
    CVision(posnum);
        IF FrCDigCCDOK = 1 THEN
        MoveJ Offs(Area0401W,0,0,30), v500, fine, tool0;
        MoveJ Offs(Area0401W,0,0,100), v500, z20, tool0;
        MoveJ Offs(A05ChipPos{posnum+1},0,0,30), v500, z20, tool0;
        MoveJ Offs(A05ChipPos{posnum+1},0,0,10), v500, fine, tool0;
```

```
        MoveL A05ChipPos{posnum+1}, v100, fine, tool0;
        WaitTime 0.5;
        Reset ToTDigSucker1;
        Set ToDigVaccumOff;
        WaitTime 0.5;
        MoveJ Offs(A05ChipPos{posnum+1},0,0,10), v100, fine, tool0;
        MoveL Offs(A05ChipPos{posnum+1},0,0,30), v100, z20, tool0;
        Reset ToDigVaccumOff;
        RETURN;
    ELSE
        MoveJ Offs(Area0401W,0,0,30), v500, fine, tool0;
        MoveJ Offs(Area0401W,0,0,100), v500, z20, tool0;
        MoveJ Offs(ChipRawPos{d},0,0,150), v500, z20, tool0;
        MoveL Offs(ChipRawPos{d},0,0,30), v100, fine, tool0;
        MoveL ChipRawPos{d}, v100, fine, tool0;
        ReSet ToTDigSucker1;
        Set ToDigVaccumOff;
        WaitTime 0.5;
        MoveL Offs(ChipRawPos{d},0,0,30), v100, fine, tool0;
        MoveL Offs(ChipRawPos{d},0,0,150), v100, z20, tool0;
        ReSet ToDigVaccumOff;
        ENDIF
    ENDFOR
    MoveAbsJ Home5\NoEOffs, v1000, fine, tool0;
    DEFAULT:
    ENDTEST
ENDPROC
```

3. 编写分拣初始化程序

参考项目四中工业机器人程序初始化的方法编写工业机器人初始化程序如下。

```
PROC Initilize()
    MoveAbsJ Home5\NoEOffs,v1000,fine,tool0;!! 将工业机器人移动至工作原点
    AccSet 50, 100;!! 工业机器人加速度限制在正常值的 50%
```

VelSet 70,800;!! 工业机器人运行速度控制为原来的 70%,最大运行速度设置为 800 mm/s

NumChipArea1:=1;!! 该变量中存放初始取放 CPU 芯片位置号

NumChipArea2:=5;!! 该变量中存放初始取放集成芯片位置号

NumChipArea3:=13;!! 该变量中存放初始取放三极管芯片位置号

NumChipArea4:=20;!! 该变量中存放初始取放电容芯片位置号

SetGO ToCGroData,0;!! 切换到 0 号场景

Set ToCDigAffirm;!! 置位场景确认信号

WaitTime 1;!! 等待 1s

Set ToTDigQuickChange;!! 将控制快换装置动作的信号复位

Reset ToDigVaccumOff;!! 将破除真空状态的信号复位

Reset ToCDigAffirm;!! 将场景确认信号复位

Reset ToCDigPhoto;!! 复位控制视觉检测系统拍照信号

Reset ToTDigSucker1;!! 将控制吸盘打开的信号复位

FOR i FROM 1 TO 4 DO!! 将数组 ChipCPUMark 的元素初始化清零

　　ChipCPUMark{i}:=0;

ENDFOR

ENDPROC

4. 编写分拣主程序

项目四中已介绍了工业机器人取放吸盘工具的程序编写及调试方法,在流程程序中可以直接调用该程序,编写流程程序及主程序的步骤见表 5-11。

表 5-11 编写流程程序及主程序的步骤

序号	操作步骤	程 序
1	建立流程程序 PStortA05,并在其中调用取工具程序、分拣程序、放工具程序	PROC PSortA05( ) 　　MGetTool3; 　　MSortA05 1; 　　MSortA05 2; 　　MSortA05 3; 　　MSortA05 4 ; 　　MPutTool3; ENDPROC
2	在主程序中调用初始化程序和流程程序	PROC Main( ) 　　Initilize; 　　PSortA05; ENDPROC

任务评价

任务评价见表 5-12。

表 5-12　任 务 评 价

评分类别	评分项目	评 分 内 容	配分	学生自评 ○	小组互评 △	教师评价 □
职业素养（20分）	规范 "7S" 操作（8分）	○ △ □　整理、整顿	2			
		○ △ □　清理、清洁	2			
		○ △ □　素养、节约	2			
		○ △ □　安全	2			
	进行 "三检" 工作（6分）	○ △ □　检查作业所需要的工具和设备是否完备	2			
		○ △ □　检查设备是否正常	2			
		○ △ □　检查工作环境是否安全	2			
	做到 "三不" 操作（6分）	○ △ □　操作过程工具不落地	2			
		○ △ □　操作过程不浪费材料	2			
		○ △ □　操作过程不脱安全帽	2			
职业技能（80分）	规划与编写工业机器人与视觉检测系统的通信程序（20分）	○ △ □　正确完成工业机器人与视觉检测通信程序的规划	10			
		○ △ □　正确完成工业机器人与视觉检测系统通信程序的编写	10			
	编写分拣及安装程序（30分）	○ △ □　正确完成工业机器人分拣程序整体结构规划	4			
		○ △ □　正确完成 CPU 芯片形状分拣及安装程序、集成芯片安装程序的规划	3			
		○ △ □　正确完成三极管芯片和电容芯片颜色分拣及安装程序的规划	3			
		○ △ □　正确使用 FOR 循环语句完成 CPU 芯片形状分拣及安装程序编写	4			
		○ △ □　正确完成集成芯片安装程序的编写	4			
		○ △ □　正确使用 FOR 循环语句完成三极管芯片颜色分拣及安装程序的编写	4			
		○ △ □　正确使用 FOR 循环语句完成电容芯片颜色分拣及安装程序的编写	4			
		○ △ □　正确完成分拣程序的编写，程序包含的 4 种功能	4			

评分类别	评分项目	评分内容	配分	学生自评 ○	小组互评 △	教师评价 □
职业技能（80分）	编写分拣初始化程序（10分）	○ △ □ 正确完成工业机器人初始位姿的调整	2			
		○ △ □ 正确完成工业信号的复位	4			
		○ △ □ 正确完成工业变量的赋初值	4			
	编写分拣主程序（20分）	○ △ □ 正确完成分拣流程程序的编写，包含取吸盘工具程序、放吸盘工具程序、分拣程序	10			
		○ △ □ 正确完成主程序的编写，包含初始化程序和流程程序	10			
合计			100			

注：依据得分条件进行评分，按要求完成在记录符号上（学生○、小组△、教师□）打√，未按要求完成在记录符号上（学生○、小组△、教师□）打×，并扣除对应分数。

任务5 调试分拣工作站程序

任务目标

1）会调试分拣工作站程序。

2）会设置工业机器人控制器的并行通信。

3）认识视觉控制系统与工业机器人控制器之间的并行通信方式。

任务内容

完成分拣工作站的整个工艺流程的程序调试。首先人为将未安装任何芯片的 A05 号 PCB 放置到安装检测工装单元 1 号工位，合理布置异形芯片原料盘中的芯片，按下示教器启动按钮，工业机器人取吸盘工具，然后执行分拣程序，将各芯片分别安装到 A05 号 PCB 中，最后工业机器人放回吸盘工具。

任务实施

1. 调试工业机器人与视觉检测系统的通信程序

调试工业机器人与视觉检测系统的通信程序前需完成视觉检测单元控制器与工业机器人控制器之间并行信号线的连接。并行信号线一端连接视觉控制器 PARALLEL 端口，另一端通过接线端子接到工业机器人控制器，如图 5-16 所示。关于并行信号线功能及信号对应关系详见任务 2。调试视觉检测系统与工业机器人通信程序的步骤见表 5-13。视觉检测结果的获取详见知识链接。

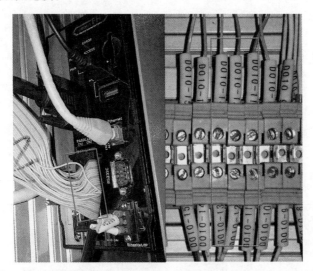

图 5-16　视觉控制器与工业机器人控制器之间的并行信号线连接

表 5-13　调试视觉检测系统与工业机器人通信程序的步骤

序号	操作步骤	示　意　图
1	进入示教器"输入输出"界面，在视图中选择"数字输入"	

续表

序号	操作步骤	示意图
2	单击视觉系统操作界面上的"工具"选择"系统设置"	
3	单击"通信""并行",进入并行通信设置界面	
4	单击"通信确认"进入输入输出信号手动测试界面	

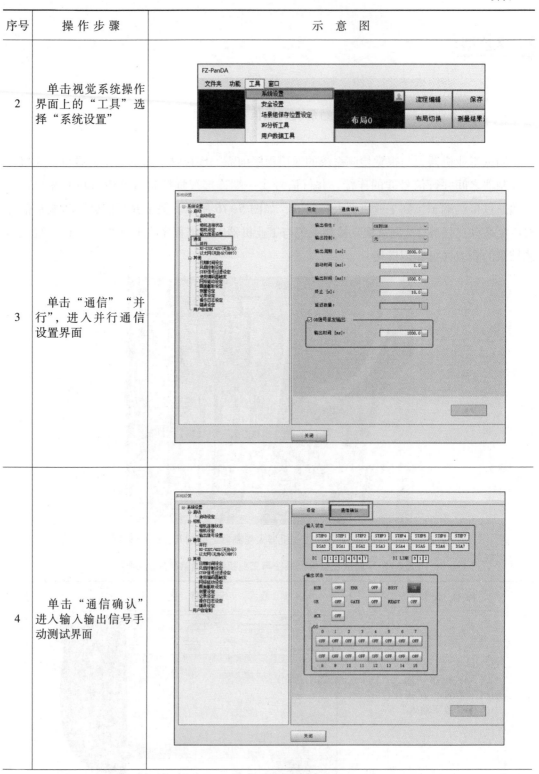

序号	操作步骤	示　意　图
5	手动强制置位再复位 "OR" 信号，查看示教器上的 FrCDigC-CDOK 信号是否先变为 1，然后变为 0	
6	手动强制置位再复位 "GATE" 信号，查看示教器上的 FrC-DigCCDFinish 信号是否先变为 1，然后变为 0	
7	手动操纵工业机器人吸取白色 CPU 芯片并移动到视觉检测位置 Area0401W	

续表

序号	操作步骤	示　意　图
8	新建一个例行程序 Routine 1, 在程序中调用初始化程序和工业机器人与视觉检测通信程序 Cvision 1	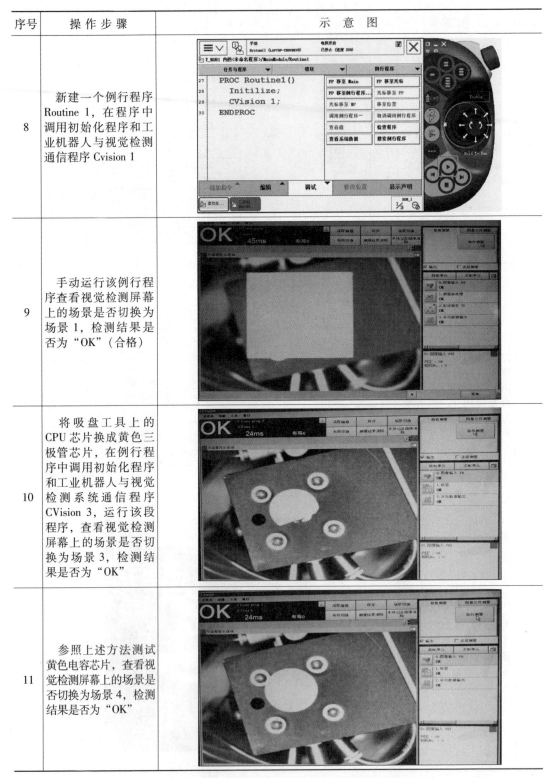
9	手动运行该例行程序查看视觉检测屏幕上的场景是否切换为场景 1, 检测结果是否为 "OK"（合格）	
10	将吸盘工具上的 CPU 芯片换成黄色三极管芯片, 在例行程序中调用初始化程序和工业机器人与视觉检测系统通信程序 CVision 3, 运行该段程序, 查看视觉检测屏幕上的场景是否切换为场景 3, 检测结果是否为 "OK"	
11	参照上述方法测试黄色电容芯片, 查看视觉检测屏幕上的场景是否切换为场景 4, 检测结果是否为 "OK"	

2. 调试分拣程序

调试分拣程序的步骤见表 5-14。

表 5-14　调试分拣程序的步骤

序号	操 作 步 骤	示　意　图
1	布置异形芯片原料盘中的芯片，每个区域均包含两种颜色的同种芯片，异形芯片原料盘不设置空位，在 CPU 芯片区域中掺杂了一些集成芯片	
2	手动操纵工业机器人移动到项目四的任务 3 中设置的检测异形芯片原料盘空位记录点位数组 ChipRaw Pos{26} 中的第二个点位吸取 CPU 芯片	
3	将其放置到 A05 号 PCB 的 CPU 芯片位置	

续表

序号	操作步骤	示意图
4	在 A05ChipPos{5} 对应点位记录下该位置	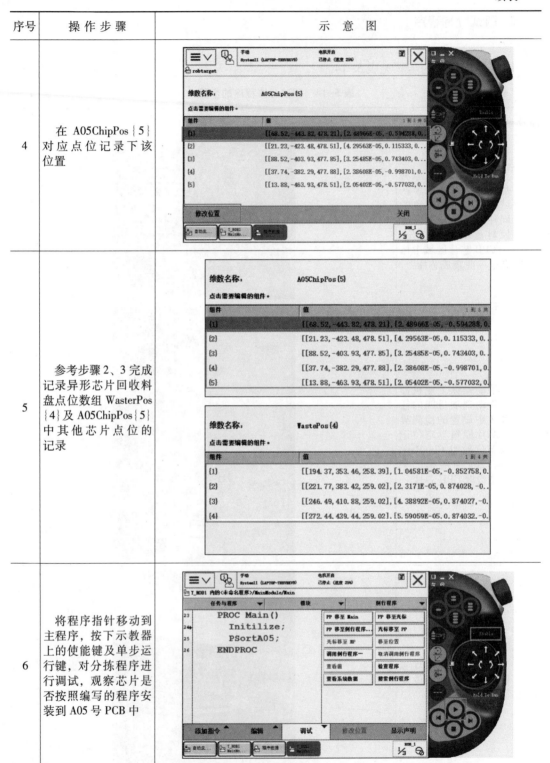
5	参考步骤2、3完成记录异形芯片回收料盘点位数组 WasterPos{4} 及 A05ChipPos{5} 中其他芯片点位的记录	
6	将程序指针移动到主程序,按下示教器上的使能键及单步运行键,对分拣程序进行调试,观察芯片是否按照编写的程序安装到 A05 号 PCB 中	

任务评价

任务评价见表 5-15。

表 5-15　任 务 评 价

评分类别	评分项目	评 分 内 容	配分	学生自评 ○	小组互评 △	教师评价 □
职业素养（20分）	规范 "7S" 操作（8分）	○ △ □　整理、整顿	2			
		○ △ □　清理、清洁	2			
		○ △ □　素养、节约	2			
		○ △ □　安全	2			
	进行 "三检" 工作（6分）	○ △ □　检查作业所需要的工具和设备是否完备	2			
		○ △ □　检查设备是否正常	2			
		○ △ □　检查工作环境是否安全	2			
	做到 "三不" 操作（6分）	○ △ □　操作过程工具不落地	2			
		○ △ □　操作过程不浪费材料	2			
		○ △ □　操作过程不脱安全帽	2			
职业技能（80分）	调试工业机器人与视觉检测系统通信程序（46分）	○ △ □　正确完成手动强制置位再复位 "OR" 信号，查看示教器上的 FrCDigCCDOK 信号是否先变为 1，然后变为 0	5			
		○ △ □　正确完成手动强制置位再复位 "GATE" 信号，查看示教器上的 FrCDigCCDFinish 信号是否先变为 1，然后变为 0	5			
		○ △ □　正确新建例行程序 Routine 1，在程序中调用初始化程序和工业机器人与视觉检测系统通信程序 CVision 1	6			
		○ △ □　正确吸取白色 CPU 芯片，运行例行程序，查看视觉场景是否切换为场景 1，检测结果是否为 "OK"	6			
		○ △ □　正确新建例行程序 Routine 3，在例行程序中调用初始化程序和工业机器人与视觉检测系统通信程序 CVision 3	6			

续表

评分类别	评分项目	评分内容	配分	学生自评 ○	小组互评 △	教师评价 □
职业技能（80分）	调试工业机器人与视觉检测系统通信程序（46分）	○ △ □　正确吸取黄色三极管芯片，运行程序，查看视觉检测系统屏幕上的场景是否切换为场景3，检测结果是否为"OK"	6			
		○ △ □　正确新建例行程序 Routine 4，在例行程序中调用初始化程序和工业机器人与视觉检测系统通信程序 CVision 4	6			
		○ △ □　正确吸取黄色电容芯片，运行程序，查看视觉检测系统屏幕上的场景是否切换为场景3，检测结果是否为"OK"	6			
	调试工业机器人分拣程序（34分）	○ △ □　正确按文中要求布置异形芯片原料盘中的芯片	4			
		○ △ □　正确完成数组 WasterPos｛4｝及 A05ChipPos｛5｝中其他点位的示教记录	15			
		○ △ □　正确完成分拣程序调试，芯片按照编写的程序安装到 A05 号 PCB 中	15			
合计			100			

注：依据得分条件进行评分，按要求完成在记录符号上（学生○、小组△、教师□）打√，未按要求完成在记录符号上（学生○、小组△、教师□）打×，并扣除对应分数。

拓展任务　分拣工作站的人机交互控制

任务目标

1）会设计分拣工作站 HMI 流程选择界面。

2）会关联分拣工作站 HMI 与 PLC 变量。

3）能对拓展任务程序、I/O 信号进行合理规划。

4）能根据分拣的人机交互控制要求，设计 HMI 界面、编写 PLC 程序及工业机器人程序。

任务内容

在原分拣程序基础上加入装盖板、旋紧螺钉（俗称锁螺钉）、放成品等功能，并设计符合功能要求的 HMI 界面。人为将 A05 号 PCB 放在安装检测工装单元的 1 号工位，CPU 芯片和集成芯片已装入 A05 号 PCB，在 HMI 上分别选择电容芯片和三极管芯片的颜色，单击 HMI 界面上的启动按钮，程序启动，A05 号 PCB 推入检测工位，检测指示灯降下，以 1 s 为周期闪烁 3 s，3 s 后检测指示灯升起，A05 号 PCB 推出，同时检测结果指示灯红色灯亮 3 s。工业机器人将缺失的所选颜色的芯片装入，A05 号 PCB 再次推入检测工位，检测指示灯降下，检测指示灯以 1 s 为周期闪烁 3 s，3 s 后检测指示灯升起，A05 号 PCB 推出，同时检测结果指示灯绿灯亮 3 s。工业机器人装盖板，旋紧螺钉，并将成品放入成品区。

任务实施

1. 规划拓展任务程序

（1）沿用已有程序

工业机器人取吸盘工具（MGetTool3）、工业机器人放吸盘工具（MPutTool3）、PLC 控制安装检测工装单元动作的程序可以沿用项目四任务 3 及任务 5 中编写的程序。

（2）新增点位、变量、信号

拓展任务引入了装盖板、旋紧螺钉、放成品等步骤，需要为工业机器人增添新的点位和信号。此外，为了实现在 HMI 界面上指定电容芯片和三极管芯片的颜色，PLC 中需要加入与 HMI 之间的信号关联部分，工业机器人输入信号（PLC 输出信号）中还需要引入新的信号来接收（发送）电容芯片和三极管芯片不同颜色的选择情况，新增轨迹点位见表 5-16，工业机器人输入输出信号见表 5-17。

表 5-16　新增轨迹点位

名　　称	功能描述
Tool4G	取旋紧螺钉工具点位
Tool4P	放旋紧螺钉工具点位

续表

名 称	功能描述
Area0501W	吸螺钉点位
Area0502R	旋紧螺钉安全点位
ToPScrewPos{4}	一维数组存放 PCB 旋紧螺钉的 4 个点位
Area0601W	取盖板点位
Area0503W	放盖板点位
Area0602W	放成品点位

表 5-17　工业机器人输入输出信号

信号	硬件设备	端口号	名 称	功 能 描 述	对应设备	对应PLC信号端口
工业机器人输出信号	工业机器人 DSQC 652 I/O 板（XS14）	6	ToTDigScrewHit	旋紧螺钉信号，值为 1 时旋紧螺钉；值为 0 时旋紧螺钉停止	工具	/
	工业机器人 DSQC 652 I/O 板（XS15）	8	ToTDigSucker2	真空双吸盘工具及旋紧螺钉工具吸盘打开关闭信号，值为 1 时吸盘打开，值为 0 时吸盘关闭	工具	/
工业机器人输入信号	工业机器人 DSQC 652 I/O 板（XS12）	2	FrPDigChipColor1	三极管芯片颜色选择信号，值为 1 时表示 HMI 界面上选择了黄色三极管芯片，值为 0 时表示选择了红色三极管芯片	PLC	Q12.2
		3	FrPDigChipColor2	电容芯片颜色选择信号，值为 1 时表示 HMI 界面上选择了黄色电容芯片，值为 0 时表示选择了蓝色电容芯片	PLC	Q12.3
		4	FrPDigContinue	PLC 告知工业机器人继续执行后续动作，值为 1 时工业机器人继续执行后续动作	PLC	Q12.4
		5	FrPDigEmergencyStop	急停信号，值为 1 时工业机器人急停	PLC	Q12.5
	工业机器人 DSQC 652 I/O 板（XS13）	8	FrTDigVacSen2	压力开关检测值反馈信号，值为 1 时表示双吸盘或旋紧螺钉工具吸盘已吸到料，值为 0 时表示双吸盘或旋紧螺钉工具吸盘未吸到料	压力开关	/
		12	FrTDigTorque	检测转矩值是否满足要求信号，值为 1 时表示旋紧螺钉到位	工具	/

（3）规划工业机器人程序结构

对任务 2 中已有的工业机器人程序结构进行扩展，程序结构如图 5-17 所示，加入流

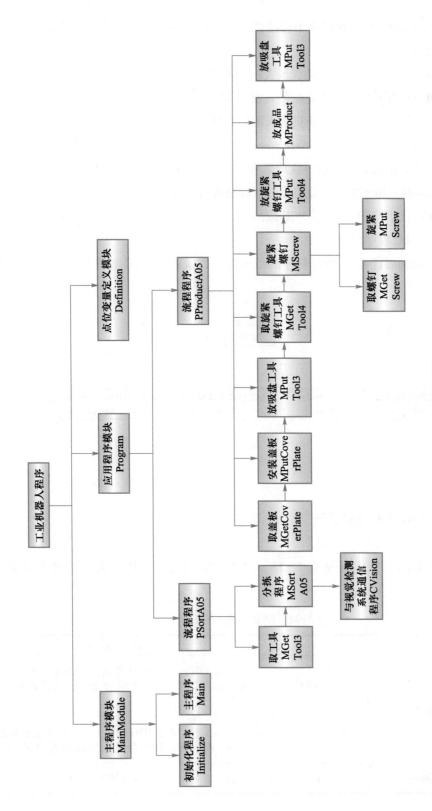

图5-17　程序结构

程程序 PProductA05，该流程程序中包括装盖板、旋紧螺钉、放成品等步骤的子程序，部分子程序的功能如下：

1）MGetCoverPlate：用于工业机器人取 A05 号 PCB 盖板。

2）MPutCoverPlate：用于工业机器人安装 A05 号 PCB 盖板。

3）MGetTool4：用于实现工业机器人取旋紧螺钉工具。

4）MScrew：调用了取螺钉 MGetScrew 程序和旋紧 MPutScrew 程序，旋紧螺钉程序为带参数的例行程序，通过循环执行 4 次旋紧程序完成 4 个螺钉的安装。

5）MPutTool4：用于实现工业机器人放旋紧螺钉工具。

6）MProduct：用于放 A05 号 PCB 成品。

（4）规划 PLC 程序的结构

参考项目四拓展任务中 PLC 程序的结构规划方法规划 PLC 程序的结构，如图 5-18 所示。

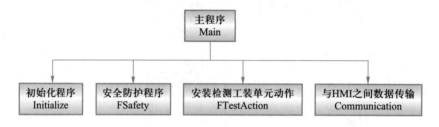

图 5-18　PLC 程序的结构

2. 设计 HMI 流程选择界面

HMI 界面上的元件地址见表 5-18。设计三极管芯片、电容芯片选择界面的步骤见表 5-19。

表 5-18　HMI 界面上的元件地址

元　　件	地　　址	功 能 描 述
项目选单	VB1	值为 1 时，表示 HMI 界面上已选择红色三极管芯片；值为 2 时，表示 HMI 界面上已选择黄色三极管芯片
	VB2	值为 1 时，表示 HMI 界面上已选择蓝色电容芯片；值为 2 时，表示 HMI 界面上已选择黄色电容芯片
位状态切换开关	M0.1	值为 1 时，表示启动分拣工艺流程

表 5-19　设计三极管芯片、电容芯片选择界面的步骤

序号	操作步骤	示 意 图
1	参考项目四中的 PCB 选择界面设计方法，添加三极管芯片选择和电容芯片选择的"项目选单"功能	三极管芯片选择：三极管芯片红色、三极管芯片红色、三极管芯片黄色；电容芯片选择：电容芯片蓝色、电容芯片蓝色、电容芯片黄色
2	参考项目四中启动按钮的添加方法完成按钮的添加	三极管芯片选择：三极管芯片红色、三极管芯片红色、三极管芯片黄色；电容芯片选择：电容芯片蓝色、电容芯片蓝色、电容芯片黄色；启动按钮

3. 编写 PLC 程序

编写 PLC 程序的步骤见表 5-20。

表 5-20　编写 PLC 程序的步骤

序号	操作步骤	程序示意图及注释
1	对项目四拓展任务 PLC 子程序 Communication（SBR2）进行修改，删除选择 A04 号 PCB 和 A05 号 PCB 的程序段	HMI选择三极管芯片颜色　VB1 ==B 2　三极管芯片颜色选择:Q12.2 HMI选择电容芯片颜色　VB2 ==B 2　电容芯片颜色选择:Q12.3 程序注释：当 HMI 中的 VB1 等于 2 时 Q12.2 线圈接通，当 HMI 中的 VB2 等于 2 时 Q12.3 线圈接通
2	PLC 其余部分程序不做修改，完成 PLC 主程序的编写	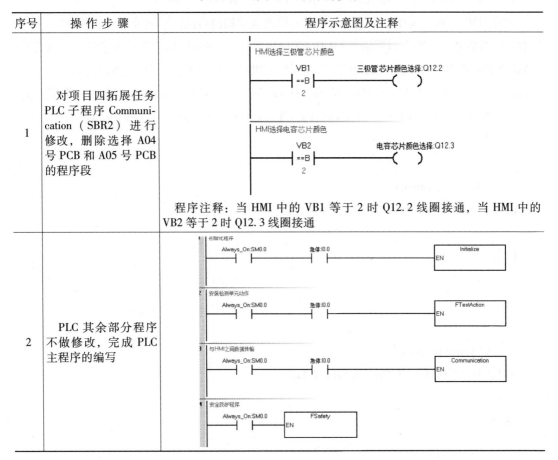

4. 编写工业机器人程序

按照前文所述程序的规划，依次完成初始化程序的改写、分拣程序 MSortA05（num posnum）及流程程序 PSortA05 的改写，取盖板程序 MgetCoverPlate、安装盖板程序 MPutCoverPlate、取旋紧螺钉工具程序 MGetTool4、放旋紧螺钉工具程序 MPutTool4、取螺钉程序 MGetScrew、旋紧程序 MPutScrew、旋紧螺钉程序 MScrew、流程程序 PProductA05 及主程序 Main 的编写。

（1）改写初始化程序 Initilize

在原初始化程序基础上，添加指令复位信号 ToPDigPutFinish、ToTDigSucker2、ToTDigScrewHit，新增程序语句如下：

ReSet ToPDigPutFinish;

Reset ToTDigSucker2;

Reset ToTDigScrewHit;

（2）改写分拣程序 MSortA05（num posnum）及流程程序 PSortA05

要在 HMI 界面上选择芯片的颜色，需要修改视觉检测后执行不同分支时的判断条件。例如对于三极管芯片，视觉检测结果 FrCDigCCDOK＝1 时，表示吸取的芯片为黄色三极管芯片，当 FrPDigChipColor1＝1 时，表示 HMI 上选择的三极管芯片为黄色，当二者的值相等时，程序会执行"IF FrCDigCCDOK＝FrPDigChipColor1 THEN"条件判断分支后面的程序；当两者的值不等时，程序会执行"ELSE"分支后面的程序，CASE3、CASE4 中程序修改如下：

CASE 3：

......

  CVision（posnum）;

IF FrCDigCCDOK＝FrPDigChipColor1 THEN

......

ELSE

......

CASE4：

......

  CVision（posnum）;

IF FrCDigCCDOK＝FrPDigChipColor2 THEN

......

ELSE

......

拓展任务中 CPU 芯片和集成芯片事先放入 A05 号 PCB 中，因此分拣流程程序无需调用分拣程序 MSortA05(num posnum)中的 CASE1、CASE2，只需调用分拣程序对三极管芯片和电容芯片分拣的程序，此外还需要将放吸盘工具的程序删除，因为后续还要直接用到吸盘工具来取盖板，程序修改如下：

PROC PSortA05( )

    MGetTool3;

    MSortA05 3;

    MSortA05 4;

    Set ToPDigPutFinish;

    WaitTime 0.2;

    Reset ToPDigPutFinish;

ENDPROC

（3）编写取盖板程序 MGetCoverPlate 和放盖板程序 MPutCoverPlate

参考任务 4 中取放芯片的程序编写方法，编写取放盖板的程序。其中，取放盖板的程序需要使用相同的吸盘工具，由于将要吸取的盖板较芯片重量变大，单个吸盘不能满足需求，因此需要使用双吸盘，对原程序中控制单吸盘工具动作的信号及单吸盘压力开关检测值反馈信号进行相应修改。

取盖板动作程序如下：

PROC MGetCoverPlate( )

……

Set ToTDigSucker2;!! 置位双吸盘工具,吸取盖板

WaitDi FrTDigVacSen2,1;!! 等待压力开关检测值反馈信号

……

安装盖板动作程序如下：

PROC MPutCoverPlate( )

……

ReSet ToTDigSucker2;!! 复位双吸盘工具,释放盖板

……

（4）编写取旋紧螺钉工具程序 MGetTool4 和放旋紧螺钉工具程序 MPutTool4

参考项目四中取吸盘工具 MGetTool3 和放吸盘工具 MPutTool3 的程序编写取旋紧螺钉工具和放旋紧螺钉工具程序，由于取放旋紧螺钉工具的点位离工作原点较远，需添加旋紧螺钉安全点位 Area0502R 作为过渡点。程序如下：

PROC MGetTool4( )!! 取旋紧螺钉工具

    MoveAbsJ Home5\NoEOffs, v1000, fine, tool0;

```
        MoveJ Area0502R，v500，z20，tool0；
        ……
    PROC MPutTool4()!! 放旋紧螺钉工具
        MoveJ Area0502R，v500，z20，tool0；
        ……
```

（5）编写取螺钉程序 MGetScrew、旋紧程序 MPutScrew、旋紧螺钉程序 MScrew

取螺钉程序 MGetScrew 的编写可以参考取盖板程序 MGetCoverPlate。由于旋紧螺钉工具吸盘气管接线和双吸盘工具相同，因此程序中旋紧螺钉工具吸盘开关信号及压力开关检测值反馈信号与取盖板程序中的信号相同；旋紧程序采用带参数的例行程序，旋紧的 4 个点位存储在一维数组 ToPScrewPos{4} 中，当接近旋紧螺钉位置时，置位旋紧螺钉信号，等到螺钉完全旋入后，工业机器人会收到旋紧螺钉工具反馈的转矩值满足要求信号，此时可以抬起旋紧螺钉工具并复位旋紧螺钉信号。在旋紧螺钉程序 MScrew 中调用取螺钉和旋紧程序，结合 FOR 循环指令，就可以实现连续 4 次取螺钉并旋紧的操作。

```
    PROC MGetScrew()!! 取螺钉程序
        ……
        Set ToTDigSucker2；!! 置位旋紧螺钉工具吸盘信号
        WaitTime 1；
        WaitDI FrTDigVacSen2，1；!! 等待压力开关检测值反馈信号
        ……
    ENDPROC
    PROC MPutScrew(num ScrewNum) !! 旋紧
        MoveJ Area0502R，v500，z20，tool0；
        MoveJ Offs(ToPScrewPos{ScrewNum}，0，0，30)，v500，z20，tool0；
        MoveL Offs(ToPScrewPos{ScrewNum}，0，0，20)，v100，z20，tool0；
        Set ToTDigScrewHit；!! 置位旋紧螺钉信号
        MoveL Offs(ToPScrewPos{ScrewNum}，0，0，10)，v10，fine，tool0；
        MoveL ToPScrewPos{ScrewNum}，v10，fine，tool0；
        MoveL Offs(ToPScrewPos{ScrewNum}，0，0，-10)，v10，fine，tool0；
        WaitDI FrTDigTorque，1；!! 等待检测转矩值是否满足要求信号
        MoveL Offs(ToPScrewPos{ScrewNum}，0，0，10)，v10，fine，tool0；
        MoveL Offs(ToPScrewPos{ScrewNum}，0，0，20)，v100，fine，tool0；
        Reset ToTDigScrewHit；!! 复位旋紧螺钉信号
        Reset ToTDigSucker2；!! 复位旋紧螺钉工具吸盘信号
        MoveL Offs(ToPScrewPos{ScrewNum}，0，0，30)，v500，z20，tool0；
```

```
        MoveJ Area0502R，v500，z20，tool0；
ENDPROC
PROC MScrew( )!! 旋紧螺钉
        FOR f FROM 1 TO 4 DO
                MGetScrew；
                MPutScrew(f)；
        ENDFOR
ENDPROC
```

（6）编写取放成品程序 MProduct

取放成品程序 MProduct 的编写方法可以参考取放盖板程序，此处不再赘述。

（7）编写流程程序 PProductA05

在流程程序中依次调用如下程序：

```
PROC PProductA05( )
        MGetCoverPlate；!! 取盖板
        MPutCoverPlate；!! 放盖板
        MPutTool3；!! 放吸盘工具
        MGetTool4；!! 取旋紧螺钉工具
        MScrew；!! 旋紧螺钉
        MPutTool4；!! 放旋紧螺钉工具
        MGetTool3；!! 取吸盘工具
        MProduct；!! 取放成品
        MPutTool3；!! 放吸盘工具
ENDPROC
```

（8）编写主程序 Main

在主程序中调用初始化程序，PLC 告知工业机器人继续执行后续动作信号及两个流程程序。主程序如下：

```
PROC Main( )
    Initilize；
    WaitDI FrPDigContinue,1；
    PSortA05；!! 流程程序
    WaitDI FrPDigContinue,1；
    PProductA05；!! 流程程序
ENDPROC
```

任务评价

任务评价见表5-21。

表5-21 任务评价

评分类别	评分项目	评分内容	配分	学生自评 ○	小组互评 △	教师评价 □
职业素养（20分）	规范"7S"操作（8分）	○ △ □ 整理、整顿	2			
		○ △ □ 清理、清洁	2			
		○ △ □ 素养、节约	2			
		○ △ □ 安全	2			
	进行"三检"工作（6分）	○ △ □ 检查作业所需要的工具和设备是否完备	2			
		○ △ □ 检查设备是否正常	2			
		○ △ □ 检查工作环境是否安全	2			
	做到"三不"操作（6分）	○ △ □ 操作过程工具不落地	2			
		○ △ □ 操作过程不浪费材料	2			
		○ △ □ 操作过程不脱安全帽	2			
职业技能（80分）	规划拓展任务程序（16分）	○ △ □ 正确口述或书写可沿用的程序	4			
		○ △ □ 正确完成新增点位、变量、信号的规划	4			
		○ △ □ 正确完成工业机器人程序结构规划	4			
		○ △ □ 正确完成PLC程序结构规划	4			
	设计HMI流程选择界面（20分）	○ △ □ 正确对HMI界面上元件地址进行规划	10			
		○ △ □ 正确添加三极管芯片、电容芯片颜色选择功能	5			
		○ △ □ 正确添加启动按钮	5			
	编写PLC程序（20分）	○ △ □ 正确删除选择A04号PCB和A05号PCB的程序段，完成PLC子程序Communication（SBR2）的修改	10			
		○ △ □ 正确完成PLC程序编写	10			

续表

评分类别	评分项目	评分内容	配分	学生自评○	小组互评△	教师评价□
职业技能（80分）	编写工业机器人程序（24分）	○ △ □ 正确添加新的复位信号，完成初始化程序改写	3			
		○ △ □ 正确完成分拣程序及流程程序的改写，能满足指定芯片颜色的功能	3			
		○ △ □ 正确完成取盖板和放盖板程序的编写	3			
		○ △ □ 正确完成取旋紧螺钉工具和放旋紧螺钉工具程序的编写	3			
		○ △ □ 正确完成取螺钉、旋紧螺钉程序的编写	3			
		○ △ □ 正确完成取放成品程序的编写	3			
		○ △ □ 正确完成主程序编写，在其中调用初始化程序，PLC告知工业机器人继续执行后续动作信号及两个流程程序	6			
合计			100			

注：依据得分条件进行评分，按要求完成在记录符号上（学生○、小组△、教师□）打√，未按要求完成在记录符号上（学生○、小组△、教师□）打×，并扣除对应分数。

知 识 链 接

视觉检测系统的工作原理

一个典型的机器视觉检测系统的组成与人类的视觉系统相似，包括光源、镜头、相机、图像采集卡、图像处理软件、输入输出单元等，如图 5-19。

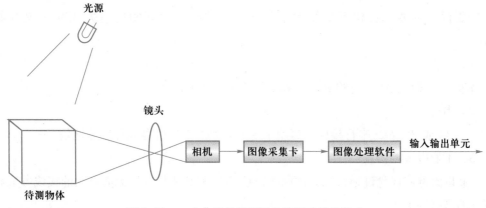

图 5-19　一个典型的机器视觉检测系统的组成

机器视觉检测系统采用相机将被检测的目标转换成图像信号；再通过图像采集卡将图像信号传送给专用的图像处理软件，根据像素分布和亮度、颜色等信息，将图像信号转变成数字信号；图像处理软件通过一定的矩阵、线性变换，将原始图像画面变换成高对比度图像，对这些数字信号进行各种运算来抽取目标的特征，如面积、数量、位置、长度，再根据预设的允许度和其他判断条件输出结果，包括尺寸、角度、个数、合格/不合格、有/无等，实现自动识别功能。最终，根据判别的结果来控制现场的设备动作或数据统计。视觉检测系统在检测缺陷方面具有不可估量的价值。

视觉检测结果的获取

1. 检测结果输出的对象

视觉检测的结果由视觉检测系统的存储单元发出，结果输出的对象通常分为两种：显示设备（如显示屏）和上位机。显示屏显示的内容往往是软件界面、相机捕捉画面等内容，以方便用户操作和监控视觉检测系统。通常应用在工业机器人视觉检测系统中的上位机有 PLC、PC 和工业机器人控制器。

2. 视觉检测系统与上位机的通信方式

对视觉检测系统而言，通信非常重要，它是共享数据、支持决策和实现高效率一体化流程的一种方式。视觉检测系统的上位机通常是 PC、PLC 或工业机器人控制器。联网后，视觉系统可以向 PC 传输检测结果，以进行进一步分析。工业中更常见的通信方式是直接传输给集成过程控制系统的 PLC、工业机器人和其他工厂自动化设备。

不同品牌的视觉检测系统有不同的通信方式，不同品牌的 PLC 及工业机器人控制器也有不同的接口。要把视觉检测系统集成到工厂的 PLC、工业机器人或其他自动化装置上，需要找到一种二者相互支持的通信方式或协议，常见的通信方式和协议有如下三种。

（1）并行

通过并行接口，在视觉检测系统和外部装置之间进行通信。

（2）串行

RS-232 或 RS-485 串行接口可以用于绝大多数的工业机器人控制器通信。

（3）工业以太网协议

工业以太网协议允许通过以太网网线连接 PLC 和其他装置，无需复杂的接线方案和价格高昂的网络网关。

上述三种通信方式的特点见表 5-22。

表 5-22　通信方式的特点

	并　行	串　行	工业以太网
优势	因为可以多位数据一起传输，所以传输速度很快	使用的数据线少，在远距离通信中可以节约通信成本。在高速传输状态下，串行只有一根数据线，不存在信号线之间的串扰，而且串行通信还可以采用低压差分信号，可以大大提高它的抗干扰性，实现更高的传输速率	实时性强，一定的时间内发送一个指令一定要被处理，否则系统就会失败
缺点	内存有多少位，就要用多少数据线，所以需要大量的数据线，成本很高。在高速传输状态下，并行接口的几根数据线之间存在串扰，而并行接口需要信号同时发送同时接收，任何一根数据线的延迟都会引起问题	因为每次只能传输一位数据，所以传输速度比较慢	区别于其他的运行环境，工业以太网对温度、干扰要求会更高

3. 设置视觉检测系统并行通信

设置视觉检测系统并行通信的步骤见表 5-23。

表 5-23　设置视觉检测系统并行通信的步骤

序号	操作步骤	示　意　图
1	在视觉系统操作界面上依次选择"工具""系统设置"	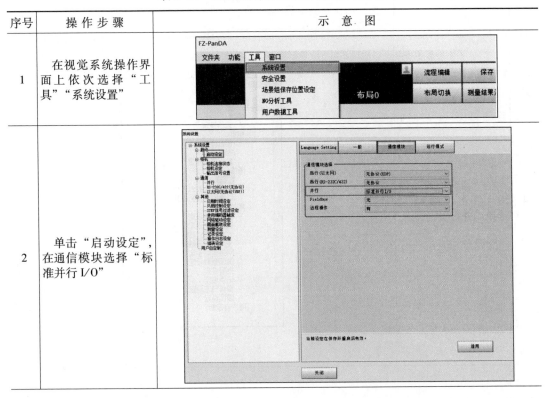
2	单击"启动设定"，在通信模块选择"标准并行 I/O"	

续表

序号	操作步骤	示意图
3	保存设定后单击“系统重启”	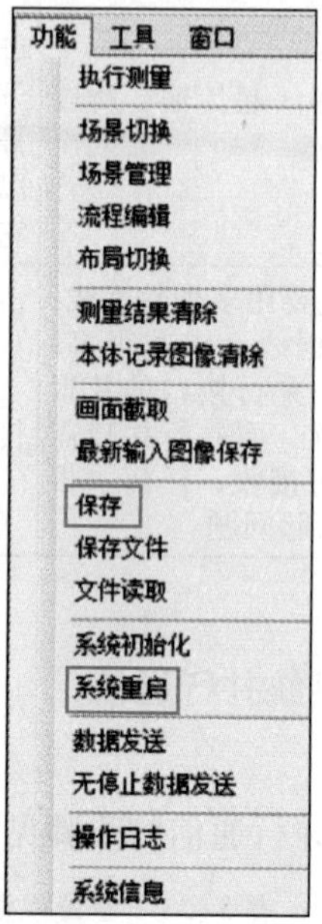
4	在“系统设置”界面，单击“通信”，选择“并行”	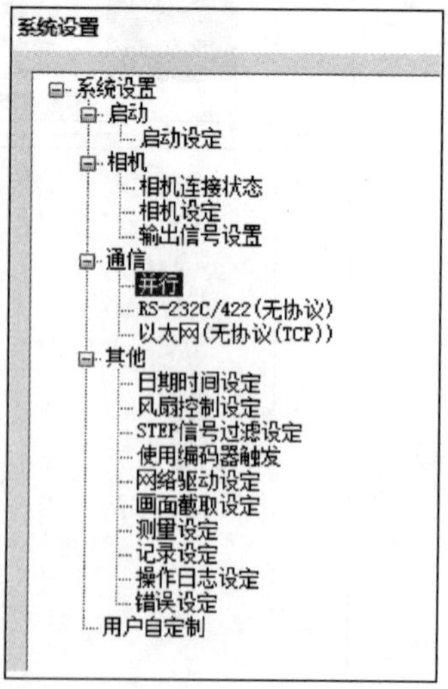

续表

序号	操作步骤	示　意　图
5	将输出极性设置为"OK 时 ON",即 OR 信号(综合判定结果信号)作为判定输出,结果为 OK 时输出为 ON	设定　通信确认 输出极性:　OK时ON 输出控制:　无 输出周期 [ms]:　2000.0 启动时间 [ms]:　1.0 输出时间 [ms]:　1000.0 终止 [s]:　10.0 延迟数量:　1 ☑OR信号单发输出 输出时间 [ms]:　1000.0
6	输出周期设置为2000 ms,此值应大于启动时间+输出时间,并小于测量间隔	设定　通信确认 输出极性:　OK时ON 输出控制:　无 输出周期 [ms]:　2000.0 启动时间 [ms]:　1.0 输出时间 [ms]:　1000.0 终止 [s]:　10.0 延迟数量:　1 ☑OR信号单发输出 输出时间 [ms]:　1000.0
7	启动时间(即视觉控制器输出信号需要准备的时间)设置为1 ms	设定　通信确认 输出极性:　OK时ON 输出控制:　无 输出周期 [ms]:　2000.0 启动时间 [ms]:　1.0 输出时间 [ms]:　1000.0 终止 [s]:　10.0 延迟数量:　1 ☑OR信号单发输出 输出时间 [ms]:　1000.0

续表

序号	操作步骤	示　意　图
8	输出时间（即从"启动时间"结束到PLC接收到信号需要的时间）设置为1000 ms	设定　通信确认 输出极性：　OK时ON 输出控制：　无 输出周期 [ms]：　2000.0 启动时间 [ms]：　1.0 输出时间 [ms]：　1000.0 终止 [s]：　10.0 延迟数里：　1 ☑OR信号单发输出 　输出时间 [ms]：　1000.0
9	勾选"OR信号的单发输出"，即确认测量结果后，如果符合判定输出的ON条件，OR信号将在单次输出时间中指定的时间内，变为ON，超过指定的时间后，变为OFF；输出时间（即指输出状态的保持时间）设置为1000 ms。单击"适用"完成设置	☑OR信号单发输出 　输出时间 [ms]：　1000.0

参考文献

[1] 夏智武，许妍妩，迟澄. 工业机器人技术基础 [M]. 北京：高等教育出版社，2018.

[2] 孟庆波. 工业机器人离线编程（FANUC）[M]. 北京：高等教育出版社，2018.

[3] 黄忠慧. 工业机器人现场编程（FANUC）[M]. 北京：高等教育出版社，2018.

[4] 朱洪雷，代慧. 工业机器人离线编程（ABB）[M]. 北京：高等教育出版社，2018.

[5] 金文兵，许妍妩，李曙生. 工业机器人系统设计与应用 [M]. 北京：高等教育出版社，2018.

学习卡账号使用说明

一、注册/登录

访问 http://abook.hep.com.cn/sve，点击"注册"，在注册页面输入用户名、密码及常用的邮箱进行注册。已注册的用户直接输入用户名和密码登录即可进入"我的课程"页面。

二、课程绑定

点击"我的课程"页面右上方"绑定课程"，正确输入教材封底防伪标签上的 20 位密码，点击"确定"完成课程绑定。

三、访问课程

在"正在学习"列表中选择已绑定的课程，点击"进入课程"即可浏览或下载与本书配套的课程资源。刚绑定的课程请在"申请学习"列表中选择相应课程并点击"进入课程"。

如有账号问题，请发邮件至：4a_admin_zz@pub.hep.cn。

工业机器人技术应用专业
课程改革成果教材

学习卡

网上学习 / 资源下载
免费查询 / 甄别盗版
使用说明详见书内"郑重声明"页

ISBN 978-7-04-055486-1

9 787040 554861 >

定价 38.00 元